REIHE AUTOMATISIERUNGSTECHNIK

HERAUSGEGEBEN VON B. WAGNER UND G. SCHWARZE · BAND 5

Günter Schubert

Digitale Kleinrechner

4., bearbeitete Auflage

Springer Fachmedien Wiesbaden GmbH
BRAUNSCHWEIG

REIHE AUTOMATISIERUNGSTECHNIK

ISBN 978-3-322-98265-0   ISBN 978-3-322-98966-6 (eBook)

DOI 10.1007/978-3-322-98966-6

Lektor: *Jürgen Reichenbach*

Bestellnummer: 5005

Satz: Engelhard-Reyhersche Buchdruckerei KG, Gotha

Einbandgestaltung: *Peter Kohlhase*

Vorwort zur vierten Auflage

Die ursprüngliche Fassung des Bandes DIGITALE KLEINRECHNER hat sich weiterhin bewährt, so daß Verlag und Verfasser auch für die vierte Auflage von größeren Änderungen Abstand nahmen. Die bisherigen Erfahrungen haben gezeigt, daß eine auf Kleinrechenautomaten zugeschnittene Einführung in die digitale Rechentechnik durchaus auch den Personenkreis anspricht, der sich mit der Einsatzvorbereitung für größere Datenverarbeitungsanlagen befaßt und hierfür noch Grundkenntnisse über Aufbau, Arbeitsweise und Programmierung von programmgesteuerten Rechenautomaten erarbeiten muß.

Die Angaben zu einigen digitalen Kleinrechnern im Kapitel 6. sind wiederum erneuert und einige Änderungen und Ergänzungen eingearbeitet worden. Das Literaturverzeichnis weist ebenfalls Veränderungen auf und berücksichtigt neue Bücher und Zeitschriften, die zur Weiterbildung und zur aktuellen Information empfohlen werden.

Karl-Marx-Stadt, Juni 1967 *Günter Schubert*

Inhaltsverzeichnis

Einleitung

Bei der Auswahl des Stoffgebietes für den vorliegenden Band über digitale Kleinrechner mußte davon ausgegangen werden, einmal den in der Praxis stehenden Facharbeiter und Techniker mit den wichtigsten Fragen der digitalen Rechentechnik vertraut zu machen und zum anderen den geforderten, äußerst beschränkten Umfang einzuhalten. Naturgemäß bleibt daher vieles unausgesprochen, und manche wichtige Einzelheit kann nur am Rande gestreift werden.

In den ersten beiden Kapiteln wird auf einfache Möglichkeiten der Zahlendarstellung und der Zahlenverknüpfung in Rechenautomaten hingewiesen und die logische Wirkungsweise der bekanntesten Baustufen erwähnt. Diese prinzipiellen Ausführungen nehmen noch keinen Bezug auf spezifische Eigenheiten digitaler Kleinrechner.

Die nachfolgenden Kapitel über den Aufbau, die Programmierung und den Einsatz elektronischer Kleinrechengeräte bilden den Kern der Betrachtungen über diese Kategorie von Rechenmaschinen. An Hand eines gedachten Automaten werden spezielle Fragen der Arbeitsweise und der Programmgestaltung behandelt.

Das Schlußkapitel bringt die wichtigsten Daten einiger bekannter und bereits eingesetzter digitaler Kleinrechner aus verschiedenen Ländern. Die Lösungen der Übungsaufgaben beschließen den Inhalt des Bandes.

Im Text enthaltene Literaturangaben sind wie üblich durch in eckige Klammern gesetzte Ziffern gekennzeichnet, die sich auf das Literaturverzeichnis beziehen.

1. Zur Arithmetik des elektronischen Rechnens

In diesem ersten Kapitel soll dargelegt werden, wie man Zahlen in Rechenautomaten darstellen kann und wie die vier Grundrechnungsarten im Hinblick auf eine bestimmte Zahlendarstellung ablaufen. Wir stellen dabei fest, daß das Neue und für uns Ungewohnte eigentlich nur darin besteht, der Zahl im Automaten eine andere Form zu geben, eine Form, die uns im täglichen Leben nicht begegnet und die lediglich durch Berücksichtigung technischer Möglichkeiten und Vorteile zustande kommt. Die Rechengesetze bleiben erhalten und damit auch der Ablauf der diesen Gesetzen gehorchenden Operationen Addition, Subtraktion, Multiplikation und Division. Es sind dies die uns vertrauten Rechenvorschriften, die lediglich auf die Behandlung der umgeformten Zahlen zu übertragen sind. Wir wollen versuchen, die damit zusammenhängenden Fragen zu klären.

1.1. Zahlensysteme

1.1.1. *Das Dezimalsystem*

Schon in den ersten Rechenstunden der Grundschule lernen die Kinder unsere Dezimalziffern kennen, mit denen dann später durch Zuhilfenahme der sog. Stellenwertschreibweise alle Dezimalzahlen überhaupt dargestellt werden. Wir wollen diese Schreibweise an Hand eines Beispiels genauer analysieren. Zu diesem Zweck nehmen wir die ganze Zahl 80125 und schreiben sie in der Form

$$8 \cdot 10^4 + 0 \cdot 10^3 + 1 \cdot 10^2 + 2 \cdot 10^1 + 5 \cdot 10^0, \tag{1}$$

wobei wir die bekannten Abkürzungen $10^0 = 1$, $10^1 = 10$, $10^2 = 100$, ... benutzen. Die Darstellung unserer Dezimalzahlen durch eine Folge von Dezimalziffern ist also im Grunde genommen als Additionsaufgabe aufzufassen. Die vorkommenden Summanden sind Produkte der Form

$$\text{Dezimalziffer} \cdot \text{Zehnerpotenz},$$

wobei die Zehnerpotenz die Lage der Dezimalziffer in der Stellenwertschreibweise festlegt. Die Zahl 10, deren Potenzen in der Darstellung (1) auftreten, wird als *Basis* des Zahlensystems, hier also des Dezimalsystems, bezeichnet. Wir halten noch fest, daß das Zahlensystem mit der Basis 10 genau zehn Ziffern (0, 1, 2, ..., 9) besitzt.

Durch Benutzung der Potenzen mit negativen Exponenten gelingt es, auch für gebrochene Dezimalzahlen die Summendarstellung anzugeben. Beispiele:

$$125{,}08 \quad = 1 \cdot 10^2 + 2 \cdot 10^1 + 5 \cdot 10^0 + 0 \cdot 10^{-1} + 8 \cdot 10^{-2},$$

$$3841{,}8502 = 3 \cdot 10^3 + 8 \cdot 10^2 + 4 \cdot 10^1 + 1 \cdot 10^0$$
$$+ 8 \cdot 10^{-1} + 5 \cdot 10^{-2} + 0 \cdot 10^{-3} + 2 \cdot 10^{-4}.$$

1.1.2. *Das Dualsystem*

Wir denken uns jetzt ein Zahlensystem, das als Basis nicht die Zahl 10, sondern die Zahl 2 besitzt. Eine Zahlendarstellung in diesem System, dem *Dualsystem*, benutzt demnach die Potenzen von 2 und kommt mit zwei verschiedenen Ziffern, 0 und 1, aus. Diese heißen folglich Dualziffern und die mit ihnen aufgebauten Zahlen Dualzahlen. Da es sich bei den Dezimalziffern einerseits und den Dualziffern andererseits um Ziffern zweier verschiedener Zahlensysteme handelt, wollen wir den Unterschied in der Schreibweise zum Ausdruck bringen und die duale Eins mit L und die duale Null mit O bezeichnen. Wir betrachten einige Dualzahlen und geben ihr dezimales Äquivalent an, d. h. ihren durch eine Dezimalzahl ausgedrückten Wert.

$$L \rightarrow 1 \cdot 2^0 = 1$$

$$LOL \rightarrow 1 \cdot 2^2 + 0 \cdot 2^1 + 1 \cdot 2^0 = 5$$

$$LLLOOLOO \rightarrow 1 \cdot 2^7 + 1 \cdot 2^6 + 1 \cdot 2^5 + 0 \cdot 2^4 + 0 \cdot 2^3 + 1 \cdot 2^2$$
$$+ 0 \cdot 2^1 + 0 \cdot 2^0 = 228$$

$$LOLL,LLOL \rightarrow 1 \cdot 2^3 + 0 \cdot 2^2 + 1 \cdot 2^1 + 1 \cdot 2^0 + 1 \cdot 2^{-1} + 1 \cdot 2^{-2}$$
$$+ 0 \cdot 2^{-3} + 1 \cdot 2^{-4} = 11,8125$$

$$O,LLL \rightarrow 0 \cdot 2^0 + 1 \cdot 2^{-1} + 1 \cdot 2^{-2} + 1 \cdot 2^{-3} = 0,875$$

$$L,L \rightarrow 1 \cdot 2^0 + 1 \cdot 2^{-1} = 1,5$$

Rein äußerlich ist zu erkennen, daß die ganzen Dualzahlen bzw. der ganze Bestandteil gebrochener Dualzahlen zur Darstellung im allgemeinen mehr Ziffern benötigt, als daß bei den Dezimalzahlen der Fall ist. Dem steht die Benutzung nur zweier verschiedener Ziffern als Vorteil gegenüber. Von diesem Vorteil und von seiner technischen Verwertung wird später noch zu sprechen sein (s. Abschn. 2.1).

Die Kenntnis der dualen Zahlendarstellung ist unbedingt erforderlich, um die Arbeitsweise der Rechenautomaten verstehen zu können. Der Leser mache sich also mit ihr vertraut und übe besonders die Umformung dezimal → dual an Hand der Beispiele in Abschn. 1.2 und der Übungsaufgaben am Schluß dieses Kapitels.

1.1.3. *Das Oktalsystem*

Drittens und letztens soll ein Zahlensystem erwähnt werden, dessen Basis die Zahl 8 ist. Auch dieses System, das *Oktalsystem*, findet mitunter in elektronischen Rechenanlagen Verwendung. Die ersten acht Dezimalziffern 0, 1, 2, ..., 7 mögen zur Kennzeichnung der acht Oktalziffern dienen. In der Summendarstellung der Oktalzahlen treten die Potenzen der Basis 8 auf. Hierzu einige Beispiele:

$$10 \rightarrow 1 \cdot 8^1 + 0 \cdot 8^0 = 8$$

$$777 \rightarrow 7 \cdot 8^2 + 7 \cdot 8^1 + 7 \cdot 8^0 = 511$$

$$12345{,}67 \rightarrow 1 \cdot 8^4 + 2 \cdot 8^3 + 3 \cdot 8^2 + 4 \cdot 8^1 + 5 \cdot 8^0 + 6 \cdot 8^{-1}$$
$$+\, 7 \cdot 8^{-2} = 5349{,}859375$$

$$0{,}307 \rightarrow 0 \cdot 8^0 + 3 \cdot 8^{-1} + 0 \cdot 8^{-2} + 7 \cdot 8^{-3} = 0{,}388671875$$

1.1.4. *Zusammenfassung*

Es ist ein leichtes, sich durch Veränderung der Basis noch andere Zahlensysteme als die drei vorgenannten zu beschaffen. Stets aber sind mit der Wahl der Basis B auch die Anzahl B und der Höchstbetrag B-1 der Ziffern festgelegt.

Für eine beliebige Zahl Z gilt die allgemeine, in jedem System lesbare Darstellung

$$Z = z_{-m} B^{-m} + z_{-m+1} B^{-m+1} + \ldots + z_{n-1} B^{n-1} + z_n B^n = \sum_{i=-m}^{n} z_i B^i \, .$$

Hierin bedeuten B die Basis und z_i jeweils eine der möglichen Ziffern des Systems. m und n sind positive ganze Zahlen, deren Betrag durch die Größe („Länge") der Zahl Z festgelegt ist. i bezeichnet den Summationsindex.

Für die Dezimalzahl $Z = 63{,}625$ ist beispielsweise im

Dezimalsystem: $B = 10$, $m = 3$, $n = 1$, $z_{-3} = 5$, $z_{-2} = 2$, $z_{-1} = 6$,

$\qquad\qquad z_0 = 3$, $z_1 = 6$;

Dualsystem: $\qquad B = 2$, $m = 3$, $n = 5$, $z_{-3} = \text{L}$, $z_{-2} = \text{O}$,

$\qquad\qquad z_{-1} = z_0 = \ldots = z_5 = \text{L}$, $Z = \text{LLLLLL,LOL}$;

Oktalsystem: $\qquad B = 8$, $m = 1$, $n = 1$, $z_{-1} = 5$, $z_0 = z_1 = 7$, $Z = 77{,}5$.

1.2. Das Dualsystem und die tetradische Verschlüsselung von Dezimalziffern

Im vorigen Abschnitt wurde kurz auf die Darstellung einer Zahl Z sowohl in der dezimalen als auch in der dualen Schreibweise eingegangen. Wir wollen uns nun die Zahl zwar als Folge von Dezimalziffern geschrieben denken, jedoch jede der Ziffern 0 bis 9 im Dualsystem darstellen. Damit erhält man eine Zahlendarstellung, die in sich die Stellenwertschreibung des Dezimalsystems und die Ziffernschreibweise des Dualsystems vereinigt. Die zehn Dezimalziffern lauten in dualer Darstellung:

0 → OOOO	1 → OOOL	2 → OOLO	3 → OOLL	4 → OLOO
5 → OLOL	6 → OLLO	7 → OLLL	8 → LOOO	9 → LOOL

Offensichtlich werden dazu mindestens vier Dualstellen benötigt. Die unwesentlichen Nullen bei den Dezimalziffern 0 bis 7 sind nur der Vollständigkeit wegen angegeben, um einheitlich jede Dezimalziffer durch eine Vierergruppe von Dualziffern, durch eine sog. *Tetrade*, auszudrücken. Wir

betrachten zunächst einige Beispiele der Darstellung von Dezimalzahlen
als Folgen von Tetraden:

385 → OOLL LOOO OLOL

2300 → OOLO OOLL OOOO OOOO

465,107 → OLOO OLLO OLOL,OOOL OOOO OLLL

Es ist klar, daß sich diese Schreibweise sehr wesentlich von der Darstellung der gesamten Zahl im Dualsystem unterscheidet. Letztere sieht
nämlich so aus:

385 → LLOOOOOOL

2300 → LOOOLLLLLOO

465,107 → LLLOLOOOL,OOOLLOLLOLLO ...

Die Verschlüsselung der Dezimalziffern durch eine Vierergruppe von
Dualziffern in der geschilderten Weise gehört einer Gruppe von Verschlüs-
selungen an, die man als *tetradische Codierung* bezeichnet. Es muß erwähnt
werden, daß es außer der hier betrachteten direkten Verschlüsselung noch
andere wichtige Formen der tetradischen Codierung gibt und daß darüber
hinaus auch eine Darstellung der Dezimalziffern durch Gruppen von mehr
als vier Dualziffern Anwendung findet.

Alle Rechenautomaten, die intern ziffernweise verschlüsselte, dezimal
aufgebaute Zahlen verarbeiten, bilden die Kategorie der dezimal arbeitenden Maschinen. Dagegen spricht man von der dualen Arbeitsweise
eines Rechners, wenn dieser mit Dualzahlen operiert. Sowohl der eine als
auch der andere Typ ist unter den kleinen digitalen Rechenanlagen ver-
treten. Automaten für den kommerziellen Einsatz arbeiten vorzugsweise
dezimal, während Maschinen für wissenschaftlich-technische Berechnungen
häufig die duale Zahlendarstellung benutzen. Eine strenge Differenzierung
läßt sich jedoch nicht feststellen, da in zunehmendem Maße auch Kleinrechner für gemischte Einsatzgebiete projektiert und entwickelt worden
sind.

1.3. Die arithmetischen Grundoperationen

In diesem Abschnitt sollen kurz die Grundzüge der arithmetischen Verknüpfung von Zahlen gestreift werden. Wir wollen dabei sowohl mit Dualzahlen als auch mit tetradisch verschlüsselten Dezimalzahlen (im Sinne
des Abschn. 1.2) addieren, subtrahieren, multiplizieren und dividieren.
Um die Gesetzmäßigkeiten zu erkennen, reicht es aus, relativ kurze ganze
Zahlen miteinander zu verknüpfen, d. h. das Komma vorläufig außer acht
zu lassen. Zur Durchrechnung kommt jeweils ein Beispiel.

Wir werden gleich sehen, daß die additive und subtraktive Verknüpfung
zweier Dualziffern die Grundlage für die Ausführungen in diesem Abschnitt darstellt. Sie sei deshalb vorangestellt:

10

Addition O + O = O   Subtraktion O — O = O

L + O = L   L — O = L

O + L = L   O — L = L *

L + L = O *   L — L = O

Der Stern hinter dem Resultat der betreffenden Operation weist auf einen
entstehenden Übertrag L hin. Übertragen heißt, nach der Addition L + L
dem Additionsergebnis der nächsthöheren Stelle eine Eins hinzuzufügen,
nach der Subtraktion O — L vom Subtraktionsergebnis der nächsthöheren Stelle eine Eins abzuziehen. Der Leser wird daran erinnert, daß L
die duale Eins bezeichnen soll.

1.3.1. *Die Verknüpfung zweier Dualzahlen*

1.3.1.1. Addition

Beispiel: 9913 →   LOOLLOLOLLLOOL

          + 2957 → +   LOLLLOOOLLOL

          12870 →   LLOOLOOLOOOLLO

Wie man es von der Addition der Dezimalzahlen her gewohnt ist, so
werden auch bei Dualzahlen die Ziffern mit gleichem Stellenwert, angefangen bei der kleinsten Stelle, zueinander addiert und entstehende Überträge in der nächsten Stelle berücksichtigt. Man sieht, es lassen sich Dualzahlen bedeutend leichter addieren als Dezimalzahlen!

1.3.1.2. Subtraktion

Beispiel: 29918 →   LLLOLOOLLOLLLLO

          — 3385 →   —   LLOLOOLLLOOL

          26533 →   LLOOLLLLOLOOLOL

An dieser Stelle sei übrigens erwähnt, daß der bei der Subtraktion
O — L entstehende Übertrag häufig in der (vor allem englischsprachigen)
Literatur eine Sonderbezeichnung, wie etwa „Geborgtes" oder „Mangel",
trägt. Wir schließen uns dem nicht an, da aus dem Zusammenhang stets
eindeutig hervorgeht, ob es sich um einen Additions- oder Subtraktions-
übertrag handelt.

1.3.1.3. Multiplikation

Wir schreiben beide Faktoren nebeneinander und bezeichnen den ersten
Faktor mit *Multiplikand*, den zweiten mit *Multiplikator*:

Multiplikand · Multiplikator = Produkt.

Vom Dezimalsystem her ist nun für die Multiplikation folgende Regel
bekannt:

Man addiere so oft den Multiplikanden zu der Zahl 0, wie der Wert
der niedrigsten (ersten) Multiplikatorziffer angibt. Das Ergebnis ist das
erste Teilprodukt und wird um eine Stelle nach rechts verschoben. Zu
diesem verschobenen ersten Teilprodukt addiere man so oft den Multiplikanden, wie der Wert der nächsten (zweiten) Multiplikatorziffer angibt.
Das Ergebnis ist das zweite Teilprodukt und wird wiederum eine Stelle
nach rechts geschoben. Diese Folge von Additionen und je einer Rechtsverschiebung des neuen Teilproduktes wiederholt sich so lange, bis die
höchste Multiplikatorziffer berücksichtigt wurde und damit das End-
produkt festliegt.

Zunächst ein Beispiel für die dezimale Multiplikation:

$$4321 \cdot 305 = 1317905$$

0	Zahl Null
+ 4321	
+ 4321	
+ 4321	fünf Additionen gemäß Multiplikatorziffer 5
+ 4321	
+ 4321	
21605	erstes Teilprodukt
21605	Verschiebung nach rechts
— — —	null Additionen gemäß Multiplikatorziffer 0
21605	zweites Teilprodukt
21605	Verschiebung nach rechts
+ 4321	
+ 4321	drei Additionen gemäß Multiplikatorziffer 3
+ 4321	
1317905	Endprodukt

Der gleiche Ablauf gilt für die Multiplikation von Dualzahlen. Einfacher
gestaltet er sich nur insofern, als jeweils höchstens eine Addition vorzunehmen ist, da der Wert der Dualziffer die Eins nicht überschreitet.

Beispiel: LOLLOL · LLOL = LOOLOOLOOL

O	Zahl Null
+ LOLLOL	eine Addition gemäß Multiplikatorziffer L
LOLLOL	erstes Teilprodukt
LOLLOL	Verschiebung nach rechts
— — — —	null Additionen gemäß Multiplikatorziffer O

```
    LOLLOL            zweites Teilprodukt
     LOLLOL           Verschiebung nach rechts
  + LOLLOL            eine Addition gemäß Multiplikatorziffer L
  ─────────
    LLLOOOOL          drittes Teilprodukt
     LLLOOOOL         Verschiebung nach rechts
  + LOLLOL            eine Addition gemäß Multiplikatorziffer L
  ─────────
    LOOLOOLOOL        Endprodukt
```

Die Analyse der Multiplikation in dieser Form ergibt, daß die komplexe
Anweisung „multiplizieren" reduziert werden kann auf eine Folge von
elementaren Abläufen „addieren" und „verschieben". Tatsächlich wird
in vielen Rechenautomaten die Multiplikation prinzipiell in der Weise
durchgeführt, wie sie das vorangegangene Beispiel veranschaulicht. Natürlich finden eine Reihe von verkürzten Verfahren Verwendung; darauf
kann hier jedoch nicht näher eingegangen werden.

1.3.1.4. Division

Wir schreiben die beteiligten Operanden untereinander und zwar so,
daß die zu teilende Zahl, der *Dividend*, oben und der Teiler, der *Divisor*,
unten zu stehen kommt:

$$\frac{\text{Dividend}}{\text{Divisor}} = \text{Quotient}.$$

Die höchste Stelle des Divisors stehe genau unter derjenigen des Dividenden. Der Ablauf der Division läßt sich ausführlich wie folgt formulieren, wobei der Einfachheit halber vorausgesetzt wird, daß die Division
„aufgeht", d. h. der Quotient eine ganze Zahl ist:

Man subtrahiere so lange den Divisor vom oberen Teil des Dividenden,
wie der Rest noch positiv bleibt. Die Anzahl dieser zulässigen Subtraktionen registriert man als höchste (erste) Quotientenstelle. Danach wird
der reduzierte Dividend eine Stelle nach links geschoben und der Vorgang der Subtraktionen wiederholt. Deren Anzahl legt die nächste (zweite)
Quotientenstelle fest. Dann folgt wieder eine Linksverschiebung usw. Die
Division endet, wenn der Dividend vollständig abgebaut ist.

Zunächst ein Beispiel für die dezimale Division:

$$1317905 : 4321 = 305$$

```
  1317905        Dividend

  4321           Divisor

  — — —          null Subtraktionen → Quotientenziffer 0
  1317905        Rest des Dividenden

  1317905        Verschiebung nach links
```

$$
\left.\begin{array}{r}
- \ 4321 \\
- \ 4321 \\
- \ 4321
\end{array}\right\} \text{drei Subtraktionen} \rightarrow \text{Quotientenziffer 3}
$$

$$
\begin{array}{ll}
\underline{21\,605} & \text{Rest des Dividenden} \\
21\,605 & \text{Verschiebung nach links} \\
-\ -\ - & \text{null Subtraktionen} \rightarrow \text{Quotientenziffer 0} \\
21\,605 & \text{Rest des Dividenden} \\
21\,605 & \text{Verschiebung nach links}
\end{array}
$$

$$
\left.\begin{array}{r}
- \ 4321 \\
- \ 4321 \\
- \ 4321 \\
- \ 4321 \\
- \ 4321
\end{array}\right\} \text{fünf Subtraktionen} \rightarrow \text{Quotientenziffer 5}
$$

$$
\underline{0} \qquad \text{Rest des Dividenden}
$$

Wie das Beispiel zeigt, kann die angegebene Verfahrensweise für die erste Quotientenstelle durchaus eine Null liefern; diese ist natürlich unwesentlich und wird im Ergebnis weggelassen.

Die Division von Dualzahlen kann nach dem gleichen Prinzip vorgenommen werden. Einfacher gestaltet sich der Ablauf lediglich dadurch, daß höchstens eine Subtraktion zwischen zwei Verschiebungen auszuführen ist.

Beispiel: LOOLOOLOOL : LOLLOL = LLOL

LOOLOOLOOL	Dividend
LOLLOL	Divisor
— — — — —	null Subtraktionen → Quotientenziffer 0
LOOLOOLOOL	Rest des Dividenden
LOOLOOLOOL	Verschiebung nach links
— LOLLOL	eine Subtraktion → Quotientenziffer L
LLLOOOOL	Rest des Dividenden
LLLOOOOL	Verschiebung nach links
— LOLLOL	eine Subtraktion → Quotientenziffer L
LOLLOL	Rest des Dividenden
LOLLOL	Verschiebung nach links
— — — —	null Subtraktionen → Quotientenziffer O
LOLLOL	Rest des Dividenden
LOLLOL	Verschiebung nach links
— LOLLOL	eine Subtraktion → Quotientenziffer L
O	Rest des Dividenden

Der Divisionsvorgang läßt sich demnach aufgliedern in eine Folge von Subtraktionen und Linksverschiebungen. Auch hier werden häufig verkürzte Verfahren angewendet, bei deren Realisierung in Rechenautomaten zwar Rechenzeit gewonnen, jedoch zusätzlicher Aufwand an Schaltelementen notwendig wird.

1.3.2. *Die Verknüpfung von tetradisch verschlüsselten Dezimalzahlen*

Wir stellten der Behandlung von Dualzahlen im Abschn. 1.3.1 die grundlegenden Regeln der Addition und Subtraktion zweier Dualziffern voran. Jetzt sollen zunächst zwei tetradisch verschlüsselte Dezimalziffern zueinander addiert und voneinander subtrahiert werden. In diesem Zusammenhang ist der Begriff der *tetradischen Korrektur* zu klären, auf den wir durch Betrachtung einiger Beispiele stoßen.

1.3.2.1. Addition zweier Tetraden

Die Aufgaben

OOOL	OLOL	OLLL
+ OLOO	+ OOLL	+ OOLO
OLOL	LOOO	LOOL

sind beispielsweise unproblematisch, man braucht nur nach den Regeln des dualen Rechnens zu verfahren und erhält sofort die Ergebnistetraden.

Die Additionsbeispiele

OLLO	LOOL	LOOL
+ OLOO	+ OLLO	+ LOOL
LOLO	LLLL	OOLO *

zeigen dagegen, daß die Summentetraden in den ersten beiden Fällen keiner Dezimalziffer entsprechen und daß kein Übertrag in die nächste Dezimalstelle entsteht. Im dritten Beispiel schließlich entsteht zwar ein Übertrag, jedoch gibt die Tetrade OOLO nicht die Dezimalziffer 8 wieder. Es soll gleich allgemein folgende Korrekturvorschrift formuliert werden:

Wenn die Summe zweier Dezimalziffern größer als 9 ausfällt, dann ist zu der Summentetrade die Korrekturtetrade 6 → OLLO zu addieren.

Wir ergänzen obige Beispiele diesbezüglich

LOLO	LLLL	OOLO *
+ OLLO	+ OLLO	+ OLLO
OOOO *	OLOL *	LOOO *

und stellen fest, daß die korrigierten Summen jetzt die gewünschte Gestalt besitzen und daß in den ersten beiden Fällen der Übertrag in die nächste Dezimalstelle durch die Korrekturaddition entsteht. Der Stern möge wiederum den Übertrag kennzeichnen.

Dem interessierten Leser ist es überlassen, die oben angeführte Korrekturvorschrift zu begründen [4]. Erwähnt sei lediglich, daß die Form der tetradischen Korrektur gebunden ist an die Art der tetradischen Codierung.

1.3.2.2. Subtraktion zweier Tetraden

Die Aufgaben

$$
\begin{array}{ccc}
\text{LOOO} & \text{LOOL} & \text{OLOL} \\
-\ \text{OLOO} & -\ \text{OLLL} & -\ \text{OLOO} \\
\hline
\text{OLOO} & \text{OOLO} & \text{OOOL}
\end{array}
$$

bereiten mit Hilfe der Regeln für die duale Subtraktion keine Schwierigkeiten; die Differenzentetraden stellen das Resultat in der endgültigen Form dar.

Die Subtraktionsbeispiele

$$
\begin{array}{ccc}
\text{OOLL} & \text{LOOO} & \text{OLOL} \\
-\ \text{OLOL} & -\ \text{LOOL} & -\ \text{LOOO} \\
\hline
\text{LLLO}\ * & \text{LLLL}\ * & \text{LLOL}\ *
\end{array}
$$

veranschaulichen deutlich die Notwendigkeit einer Korrektur auch bei dieser Operation, wenn der Minuend kleiner ist als der Subtrahend. Die Korrekturvorschrift lautet:

Wenn die Differenz zweier Dezimalziffern kleiner als O ausfällt, dann ist von der Differenztetrade die Korrekturtetrade 6 → OLLO zu subtrahieren.

Wir wenden diese Regel auf die drei Beispiele an und erhalten

$$
\begin{array}{ccc}
\text{LLLO}\ * & \text{LLLL}\ * & \text{LLOL}\ * \\
-\ \text{OLLO} & -\ \text{OLLO} & -\ \text{OLLO} \\
\hline
\text{LOOO}\ * & \text{LOOL}\ * & \text{OLLL}\ *
\end{array}
$$

Den korrigierten Differenztetraden entsprechen nun wieder echte Dezimalziffern. Das Ergebnis der Subtraktion in der gewohnten Form, also

$$ 3 - 5 = -2, \qquad 8 - 9 = -1, \qquad 5 - 8 = -3, $$

ergibt sich allerdings erst, wenn man von den Ziffern 8, 9, 7 jeweils die Ergänzung zu 10 bildet und diese mit dem Minuszeichen versieht. Näheres hierzu folgt im Abschn. 1.4.

Während bei der Addition zweier Dezimalziffern der Übertrag in der nächsten Stelle seinen Niederschlag findet, äußert sich bei der Subtraktion zweier Dezimalziffern der entstehende Übertrag in der Vorzeichenumkehr. Bei der Subtraktion von Zahlen mit mehreren Dezimalziffern entscheidet sich dagegen die Vorzeichenfrage erst nach der Verarbeitung der höchsten geltenden Stelle.

Wir wollen jetzt mit mehrstelligen tetradisch verschlüsselten Dezimalzahlen rechnen.

1.3.2.3. Addition mehrstelliger Zahlen

Beispiel:
$$1495 + 6783 = 8278$$

Augend + Addend = Summe

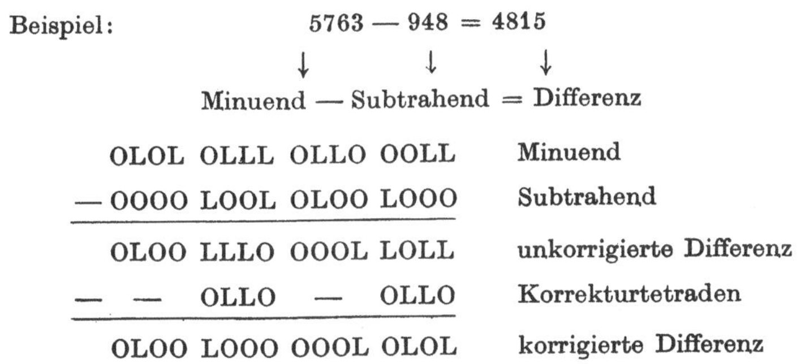

OOOL OLOO LOOL OLOL	Augend
+ OLLO OLLL LOOO OOLL	Addend
LOOO LLOO OOOL LOOO	unkorrigierte Summe
+ — OLLO OLLO —	Korrekturtetraden
LOOO OOLO OLLL LOOO	korrigierte Summe

Man kann zwei Wege einschlagen. Einmal summiert man jede Stelle vollständig, d. h. also mit Einschluß der evtl. erforderlichen Korrektur und geht danach zur nächsthöheren Stelle über (vgl. das Beispiel). Zum anderen bildet man erst die unkorrigierte Gesamtsumme und korrigiert danach in einem zweiten Durchgang; hierbei ist zu beachten, daß ein durch die Korrektur entstehender Übertrag in die nächste Dezimalstelle erst der unkorrigierten Tetrade zuzuschlagen ist, bevor die Korrekturentscheidung getroffen wird.

1.3.2.4. Subtraktion mehrstelliger Zahlen

Beispiel:
$$5763 - 948 = 4815$$

Minuend — Subtrahend = Differenz

OLOL OLLL OLLO OOLL	Minuend
— OOOO LOOL OLOO LOOO	Subtrahend
OLOO LLLO OOOL LOLL	unkorrigierte Differenz
— — OLLO — OLLO	Korrekturtetraden
OLOO LOOO OOOL OLOL	korrigierte Differenz

Im Gegensatz zur Addition tritt beim Subtrahieren der Fall nicht ein, daß durch die Korrektur ein Übertrag entsteht. Es werden hier die Überträge, falls überhaupt, nur bei der Bildung der unkorrigierten Differenz erzeugt.

Ist der Subtrahend größer als der Minuend, so liefert die ziffernweise Durchführung der Subtraktion zunächst das Ergebnis in der Form des Zehnerkomplements (vgl. hierzu Abschn. 1.4). Wir bilden dann die Ergänzung der kleinsten Stelle zu 10 und aller höheren Stellen zu 9, versehen die dadurch entstehende neue Zahl mit dem Minuszeichen und besitzen damit das Resultat in der uns vertrauten Darstellung.

Beispiel: 4327 — 19815 = —15488

```
  OOOO OLOO OOLL OOLO OLLL        Minuend
— OOOL LOOL LOOO OOOL OLOL        Subtrahend
  LLLO LOLO LOLL OOOL OOLO        unkorrigierte Differenz
— OLLO OLLO OLLO  —    —          Korrekturtetraden
  LOOO OLOO OLOL OOOL OOLO        korrigierte Differenz
— OOOL OLOL OLOO LOOO LOOO        Ergänzung
```

1.3.2.5. Multiplikation

Da diese Operation auf Additionen und Verschiebungen zurückgeführt werden kann, treten keine neuen Gesichtspunkte auf. Es ist dem Leser überlassen, ein Beispiel ausführlich durchzurechnen. Erwähnt mag höchstens noch werden, daß es sich bei der Verschiebung hier darum handelt, die Teilprodukte um eine ganze Dezimalstelle, also um eine volle Tetrade, nach rechts zu rücken.

1.3.2.6. Division

Was über die Multiplikation gesagt wurde, gilt entsprechend für die Division; sie läßt sich durch eine Folge von Subtraktionen und Verschiebungen realisieren, so daß es nicht erforderlich ist, ein Beispiel im einzelnen vorzuführen.

1.4. Die Darstellung negativer Zahlen

Bisher wurden im wesentlichen positive ganze Dual- und Dezimalzahlen betrachtet. Wir wollen uns nun fragen, welche Möglichkeiten zur Kennzeichnung negativer Zahlen in elektronischen Rechenautomaten vorhanden sind. Zwei davon greifen wir heraus und besprechen sie näher.

Zuvor jedoch einige Worte zur Zahlenlänge. In den meisten Elektronenrechnern steht für die Darstellung jeder Zahl eine bestimmte (feste) Anzahl von Stellen zur Verfügung. Eine Überschreitung dieser Stellenzahl ist unzulässig. Die Überlaufgefahr ist um so geringer und, wie wir später sehen werden, die Rechengenauigkeit um so höher, je größer die Zahlenlänge eines Automaten ist. Gängige Werte für die Zahlenlänge sind z. B. 10 Dezimalen oder bei dual arbeitenden Maschinen 32 Dualstellen.

1.4.1. *Die Komplementdarstellung einer negativen Zahl*

Wir setzen für unsere Untersuchungen jetzt Zahlenlängen von 10 Dezimalstellen voraus und fügen eine 11. Stelle hinzu, die der Charakterisierung des Vorzeichens dienen soll. Es liege fest, daß positive Zahlen einschließlich der Null eine Null in der 11. Stelle aufweisen.

```
Beispiele:    + 124          →  00000000124
              + 8932751263   →  08932751263
              + 0            →  00000000000
```

Die Vorzeichenziffer wurde durch Unterstreichen gekennzeichnet. Wir nehmen nun beispielsweise die negative Zahl —374 und fassen diese als das Resultat der Subtraktion 0 — 374 auf; das ist offenbar zulässig. Die Operation wird Stelle für Stelle ausgeführt und auch auf die 11. Stelle ausgedehnt:

$$00000000000$$
$$- \; 00000000374$$
$$99999999626$$

Diese Form des Resultats kann natürlich als Darstellung der Zahl —374 benutzt werden. Wir tun das und vermerken zusammenfassend, daß negative Zahlen durch eine Neun, positive Zahlen dagegen durch eine Null in der 11. Stelle gekennzeichnet sind.

Hier noch einige Beispiele:

$$- \; 8710 \quad \rightarrow \; 99999991290$$
$$+ \; 25173946 \rightarrow \; 00025173946$$
$$- \; 26001 \quad \rightarrow \; 99999973999$$

Die beiden Zahlen

$$00000000374 \; \text{und} \; 99999999626 \, ,$$

um ein Beispiel herauszugreifen, heißen *komplementär* zueinander, genauer gesagt, die eine ist das *Zehnerkomplement* der anderen. Die Summe solcher komplementärer Zahlen weist in jeder Stelle eine Null auf.

In der Rechentechnik besitzt noch das sog. *Neunerkomplement* eine Bedeutung; es unterscheidet sich vom Zehnerkomplement dadurch, daß die Summe der beiden kleinsten Stellen zueinander komplementärer Zahlen stets 9 ist, die Summe der beiden Zahlen also aus lauter Neunen besteht.

Die Komplementdarstellung von negativen Dualzahlen ist entsprechend aufgebaut, die Bildung gestaltet sich jedoch einfacher. Ein Beispiel möge das zeigen, wobei wir uns der Kürze halber auf eine Zahlenlänge von 10 Dualstellen beschränken. Die negative Dualzahl —LOLLO kann als Resultat der Subtraktion O — LOLLO aufgefaßt werden:

$$OOOOOOOOOO$$
$$- \; OOOOOOLOLLO$$
$$LLLLLLOLOLO$$

Negative Dualzahlen weisen demnach in der höchsten Stelle eine Eins, positive Zahlen dagegen eine Null auf. Man spricht hier im Dualsystem zweckmäßig von einem Zweier- bzw. Einerkomplement, entsprechend dem Zehner- bzw. Neunerkomplement des Dezimalsystems. Zum Abschluß drei weitere Beispiele:

$$- \; LOL \quad \rightarrow \; LLLLLLLLOLL$$
$$+ \; LLLO \quad \rightarrow \; OOOOOOOLLLO$$
$$- \; LLLLLL \rightarrow \; LLLLLOOOOOL$$

Zusammenfassend ist zur Komplementdarstellung negativer Zahlen zu sagen, daß einerseits die kennzeichnende höchste Stelle eine Sonderstellung einnimmt zum anderen aber der Rechenprozeß in sie eingreift wie in jede andere Ziffer. Es müssen also bestimmte Vereinbarungen getroffen werden, um die Komplemente in die arithmetischen Verknüpfungen einbeziehen zu können. Auf diese Weise gelingt es, die eigentliche Subtraktion zu eliminieren und die Rechenwerke von Automaten ausschließlich für den Additionsvorgang einzurichten.

1.4.2. *Die Betragsdarstellung einer negativen Zahl*

In der Komplementdarstellung einer negativen Zahl ergab sich zwangsläufig aus der Bildung des Komplementes heraus in der höchsten, besonderen Stelle eine Neun bzw. bei Dualzahlen eine Eins. Man kann aber auch anders vorgehen und einfach festlegen, daß positive und negative Zahlen in einer besonderen Stelle durch bestimmte (voneinander verschiedene) Ziffern gekennzeichnet sind. Beispielsweise möge das positive Vorzeichen durch die Ziffer 0, das Minuszeichen bei Dezimalzahlen durch die Ziffer 8 und bei Dualzahlen durch L dargestellt sein. Hierzu einige Beispiele:

— 93517	→ 8 0000093517
+ 426	→ 0 0000000426
— 31425396	→ 8 0031425396
— LLOLOOL	→ L OOOLLOLOOL
+ LLLO	→ O OOOOOOLLLO
— LOLLOLLLL	→ L OLOLLOLLLL

In dieser Form der Darstellung ist demnach jede Zahl in Betrag und Vorzeichen getrennt. Die elfte Stelle spiegelt das Vorzeichen wider, während die zehn Ziffernstellen den Betrag der Zahl ausmachen. Diese Aufteilung wirkt sich in der elektronischen Rechenmaschine so aus, daß mit dem Betrag gerechnet wird und die Vorzeichenstelle nur zu Steuerzwecken dient.

Wir haben eingangs dieses Abschnittes den Begriff der Zahlenlänge kennengelernt; er soll nun erweitert werden zum Begriff der *Wortlänge*. Ein Wort besteht außer aus den eigentlichen Ziffern der Zahl auch aus zusätzlichen Markierungen, wie z. B. Vorzeichen. Alle diese Stellen zusammengenommen legen erst die Wortlänge fest. Sie hat bei den weitaus meisten Maschinen einen konstanten, für diesen Automaten spezifischen Wert. Lediglich einige neuere, vor allem amerikanische Anlagen arbeiten mit variabler Wortlänge.

1.5. Das Rechenkomma

Wir sind bereits über einige Möglichkeiten informiert, die Ziffern und das Vorzeichen einer Zahl durch eine Folge von Dualziffern O und L darzustellen. Wie die technische Realisierung dieser Darstellung aussieht, darüber folgt einiges im nächsten Kapitel. Die Praxis des Zahlenrechnens kennt jedoch außer Ziffern und Vorzeichen einer Zahl auch deren Komma, und es tritt hier zwangsläufig die Frage auf, wie man die Lage des Kommas in einer Zahl markieren kann. Unter „Komma" wollen wir stets das der Zahl eigene Komma zur Festlegung ihrer Größe, das, sog. *Rechenkomma*, verstehen.

1.5.1. *Die kommafreie Darstellung einer Zahl*

In dieser Form der Zahlendarstellung ist das Komma nicht gekennzeichnet, es greift infolgedessen nicht in den Ablauf der arithmetischen Operationen im Rechenwerk eines Automaten ein. Damit aber trotzdem richtig gerechnet wird, muß der Programmierer bei der Aufstellung des Rechenprogramms stets die Kommalage in den beteiligten Zahlen überwachen, gewissermaßen in Gedanken das Komma markieren. Welche Schwierigkeiten dieses Vorgehen bereitet, hängt sehr von der Aufgabe und dem Größenbereich der mitwirkenden Zahlen ab. Der Benutzer von Handrechenmaschinen oder von elektromechanischen Tischrechnern ist mit dieser Problematik vertraut, denn die Zahlen in diesen Geräten sind kommafrei dargestellt. Im Kapitel 4 über Programmierung wird an einem Beispiel ausführlich das Arbeiten mit derart dargestellten Zahlen erläutert.

Hier nun einige Beispiele für die kommafreie Zahlendarstellung (Zahlenlänge = 10 Dezimalstellen):

$$322{,}871 \rightarrow 0000322871$$

$$64592{,}41327 \rightarrow 6459241327$$

$$0{,}29613 \rightarrow 0000029613$$

1.5.2. *Die Gleitkommadarstellung einer Zahl*

Wir betrachten vorerst einige Dezimalzahlen und schreiben diese in der Form eines Produktes aus ganzer Zahl und Zehnerpotenz:

$$85{,}736 \rightarrow 85736 \cdot 10^{-3}$$

$$0{,}00004321 \rightarrow 4321 \cdot 10^{-8}$$

$$56000000 \rightarrow 56 \cdot 10^{+6}$$

Man kann nun jede Zahl in einer oder auch mehreren Zusatzstellen durch den Exponenten der Zehnerpotenz ergänzen und besitzt somit eine eindeutige Kennzeichnung der Kommalage. Nehmen wir an, die Zusatzzahl sei zweistellig, bewege sich also zwischen 00 und 99. Zweckmäßig wird beispielsweise dem Exponenten 0 die Zahl 50 zugeordnet, damit auch negativen Exponenten positive Zusatzzahlen entsprechen. Das bedeutet, daß dem Bereich 00 bis 50 die Exponenten —50 bis 0 und dem Bereich 51 bis 99 die Exponenten 1 bis 49 entsprechen. Obige Zahlen nehmen dann unter Berücksichtigung der Zusatzzahlen

$$10^{-3} \rightarrow 50 - 3 = 47$$

$$10^{-8} \rightarrow 50 - 8 = 42$$

$$10^{+6} \rightarrow 50 + 6 = 56$$

folgende Gestalt an, wobei die Zusatzzahl rechts hinzugefügt und unterstrichen wurde:

$$85,736 \rightarrow 857\underline{3647}$$

$$0,00004321 \rightarrow 432\underline{142}$$

$$56000000 \rightarrow 56\underline{56}$$

Soviel zum Prinzip der Kommamarkierung; für weitergehende Informationen sei auf die Literatur verwiesen [4].

Die Operationssteuerung im Gleitkommarechenwerk eines Automaten verändert den Exponenten und damit die Kommalage in der Zahl nach Bedarf automatisch. Das Komma „gleitet" gewissermaßen die Zahl entlang. Diese Fähigkeit eines Rechenautomaten erleichtert dem Programmierer erheblich seine Tätigkeit. Allerdings sind Gleitkommarechenwerke wesentlich aufwendiger und damit auch teurer im Vergleich zu Rechenwerken, die nur kommafreie Zahlen verarbeiten.

1.6. Übungsaufgaben

1.6.1. Wie lautet die Darstellung der Dezimalzahl 1923 in Zahlensystemen mit der Basis 8, 5, 3?

1.6.2. Die Dezimalzahlen 45, 513 und 4095 sind im Dualsystem darzustellen.

1.6.3. Die Dualzahlen LOOLLLLOL, LOLOLOLLO und LLLOOO,LLOL sind im Dezimalsystem darzustellen.

1.6.4. Man verschlüssele die Ziffern der Dezimalzahlen 99718, 80043 und 394857612 direkt in Tetraden.

1.6.5. Folgende Rechnungen sind im Dualsystem auszuführen:
LLOOLL + LOOOL, LLOOLL — LOOOL,
LLOOLL · LOOOL, LLOOLL : LOOOL.

2. Über Funktionsschaltungen und ihre Verwendung in Rechenautomaten

Die Frage nach der Arbeitsweise elektronischer Rechenautomaten verlangt letztlich immer eine Auskunft darüber, welche technischen Mittel zur Darstellung und zur Verknüpfung von Rechengrößen eingesetzt werden. Wir beschäftigen uns jetzt damit und lernen in diesem Zusammenhang den Begriff der Schaltgröße und den der Funktionsschaltung kennen. Es soll und kann im Rahmen dieses Büchleins nicht auf spezielle Ausführungsformen der einzelnen Schaltungen eingegangen werden, lediglich ihre Wirkungsweise interessiert uns hier.

2.1. Schaltgrößen und ihre Funktionen

Wir wollen uns von vornherein und in Anlehnung an die in den Rechenautomaten vorliegenden realen Verhältnisse darauf einigen, unter einer *Schaltgröße* stets eine elektrische Spannung zu verstehen. Weiterhin sei angenommen, daß diese physikalische Größe in der Lage ist, genau zwei

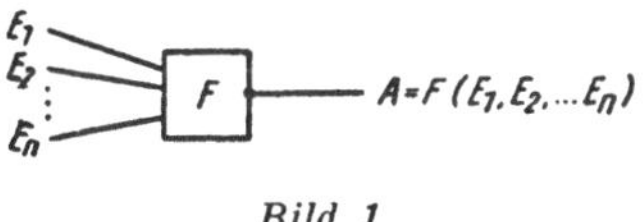

Bild 1

verschiedene Werte anzunehmen, die wir mit O und L bezeichnen. Die Benutzung der beiden Spannungszustände zur realen Darstellung der Dualziffern O und L liegt auf der Hand, und gerade durch die gemeinsame Symbolgebung soll die Äquivalenz zwischen der physikalischen Schaltspannung einerseits und der mathematischen Rechengröße andererseits unterstrichen werden.

Im konkreten Fall könnten für die Werte O und L beispielsweise in Rechenanlagen mit Elektronenröhren 70 Volt bzw. 150 Volt und in transistorisierten Automaten 0 Volt bzw. —10 Volt Verwendung finden.

Wir erklären den Begriff der Schaltfunktion

$$A = F (E_1, E_2, \ldots, E_n)$$

allgemein an Hand von Bild 1. $E_1, E_2, \ldots, E_n$ mögen n Eingangsspannungen bezeichnen, von denen jede, wie wir wissen, einen der Werte O oder L annehmen kann. Das Quadrat mit dem Symbol F kennzeichnet eine Funktionsschaltung, konkret eine Zusammenschaltung von Bauelementen (z. B. von Transistoren, Dioden, Widerständen, Kondensatoren), die eine Verknüpfung der Eingangsschaltgrößen E_i zur Ausgangsschaltgröße A vornimmt. Letztere kann wiederum den Wert O oder L annehmen. Zwischen der abstrakten mathematischen Funktion mehrerer Veränderlicher $y = f(x_1, x_2, \ldots, x_n)$ und der Schaltfunktion $A = F(E_1, E_2, \ldots, E_n)$ bestehen weitgehende Parallelen, wird doch in beiden Fällen jeder Kombination der Argumente (Eingangsgrößen) nach Maßgabe der Funktion eindeutig ein Funktionswert (Ausgangsgröße) zugeordnet. Eine Besonderheit liegt lediglich darin, daß sowohl die Eingangs- als auch die Ausgangsgrößen von Schaltfunktionen zweiwertig sind.

Es sind natürlich mannigfache Arten von Funktionsschaltungen denkbar. Allerdings haben sich in der modernen maschinellen Rechentechnik eine Reihe von praktisch bedeutsamen Verknüpfungsschaltungen herauskristallisiert, von denen im folgenden drei besonders wichtige eingehender besprochen werden. Zur Bezeichnungsweise sei noch gesagt, daß die Schaltfunktion die Zuordnung der Ausgangsgröße A zu den Eingängen E_i formelmäßig (unter Benutzung geeigneter Symbole) wiedergibt, während die Funktionsschaltung die schaltungsmäßige Realisierung der ihr entsprechenden Funktion darstellt.

2.2. Die Schaltfunktion „Konjunktion"

Der Ausgang A einer Schaltung soll dann und nur dann L sein, wenn es auch alle Eingänge sind. Eine solche Schaltung nennen wir UND-Schaltung, kurz UND, und die ihr entsprechende Funktion eine *Kon-*

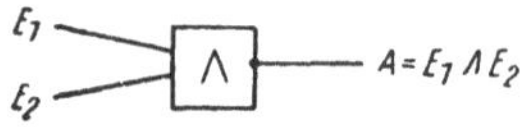

Bild 2. Zweifache Konjunktion. Lies: „A gleich E_1 und E_2".

junktion. In der Fachliteratur finden sich verschiedene Symbole zur Kennzeichnung der Konjunktion; wir wollen hier das Zeichen $\wedge$ verwenden. Bild 2 zeigt symbolisch eine UND-Schaltung mit zwei Eingängen, für deren Ausgang A wir

$$A = E_1 \wedge E_2$$

schreiben. Nach Definition der Konjunktion gilt folgende Wertetafel:

E_1	O	O	L	L
E_2	O	L	O	L
A	O	O	O	L

Die Erweiterung der Wertetafel für drei und mehr Eingangsgrößen ist unschwer vorzunehmen. Im Falle von allgemein n Eingängen einer UND-Schaltung schreibt man

$$A = E_1 \wedge E_2 \wedge \ldots \wedge E_n = \bigwedge_{i=1}^{n} E_i .$$

24

Es ist leicht einzusehen, daß folgende Beziehungen für Zweifachkonjunktionen gelten, die sich entsprechend verallgemeinern lassen:

$$E_1 \wedge E_2 = E_2 \wedge E_1$$
$$E_1 \wedge O = O$$
$$E_1 \wedge L = E_1$$

2.3. Die Schaltfunktion „Disjunktion"

Der Ausgang A einer Schaltung soll dann und nur dann O sein, wenn es alle Eingänge sind. Eine solche Schaltung nennen wir ODER-Schaltung, kurz ODER, und die ihr entsprechende Funktion eine *Disjunktion*. Wir benutzen für sie das Zeichen $\vee$. Bild 3 zeigt symbolisch eine ODER-Schal-

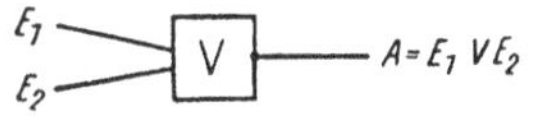

Bild 3. Zweifache Disjunktion. Lies: „A gleich E_1 oder E_2".

tung mit zwei Eingängen, für deren Ausgang A wir

$$A = E_1 \vee E_2$$

schreiben. Nach Definition der Disjunktion gilt folgende Wertetafel:

E_1	O	O	L	L
E_2	O	L	O	L
A	O	L	L	L

Sie läßt sich leicht auf drei und mehr Eingangsgrößen erweitern. Im Falle von allgemein n Eingängen einer ODER-Schaltung schreibt man

$$A = E_1 \vee E_2 \vee \ldots \vee E_n = \bigvee_{i=1}^{n} E_i .$$

Für Zweifachdisjunktionen gelten folgende Relationen, die sich leicht verallgemeinern lassen:

$$E_1 \vee E_2 = E_2 \vee E_1$$
$$E_1 \vee O = E_1$$
$$E_1 \vee L = L$$

Der Vollständigkeit halber sei erwähnt, daß es sich bei der hier besprochenen Funktion um eine *inklusive* (einschließende) Disjunktion handelt. Das soll besagen, der Fall $A = L$ schließt auch den Fall ein, daß alle Eingänge den Wert L annehmen. Im Gegensatz dazu liefert die *exklusive* (ausschließende) Disjunktion hierfür den Funktionswert $A = O$. Wir beschäftigen uns hier jedoch ausschließlich mit der inklusiven ODER-Schaltung.

2.4.   Die Schaltfunktion „Negation"

Der Ausgang A einer Schaltung soll genau dann O sein, wenn der Eingang L ist, und er soll genau dann L sein, wenn der Eingang den Wert O aufweist. Wir sagen auch, der Ausgang liefert stets das (eindeutige) Gegenteil des Eingangs, und halten des weiteren fest, daß nur eine Eingangsvariable vorhanden ist. UND- und ODER-Schaltungen mit einem Eingang haben dagegen keinen Sinn.

Eine Schaltung, die obige Forderung erfüllt, nennen wir einen *Negator* und die ihr entsprechende Funktion eine *Negation*. Den Ausgang A eines Negators kennzeichnen wir durch Überstreichen der Eingangsgröße E,

$$A = \overline{E},$$

und benutzen den Querstrich gleich als Funktionssymbol für unseren

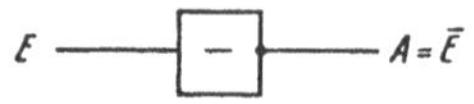

$$E \longrightarrow \boxed{-} \longrightarrow A = \overline{E}$$

Bild 4. Negation. Lies: „A gleich E quer".

Negator (Bild 4). Die Wertetafel für die Negation hat ein besonders einfaches Aussehen:

E	O	L
A	L	O

Offensichtlich erhält man wiederum die Schaltgröße E, wenn man deren Negation $\overline{E}$ nochmals negiert:

$$E = \overline{\overline{E}}.$$

In der Schaltungstechnik elektronischer Rechenautomaten wird die doppelte Negation oftmals zur Leistungsverstärkung einer Schaltgröße verwendet. In Verbindung mit den Funktionen Konjunktion und Disjunktion gelten folgende wichtige Beziehungen, wie man leicht durch Einsetzen der zwei möglichen Werte O und L für x nachprüft:

$$x \wedge \overline{x} = O,$$
$$x \vee \overline{x} = L.$$

2.5.   Einfache Kombinationen der drei Grundschaltungen

2.5.1.   *Konjunktion und Negation*

Wir betrachten zwei Schaltgrößen x und y, bilden mit ihnen eine Konjunktion und negieren das Ergebnis; den Ausgang des Negators bezeichnen wir mit z (Bild 5). Es ist $z = \overline{x \wedge y}$. Zum anderen werden nach Bild 6 die Variablen x und y über Negatoren in $\overline{x}$ und $\overline{y}$ überführt und anschließend die Disjunktion $w = \overline{x} \vee \overline{y}$ gebildet. Sehen wir uns die Wertetafel für die Funktionen z und w an:

x	O	O	L	L
y	O	L	O	L
z	L	L	L	O
w	L	L	L	O

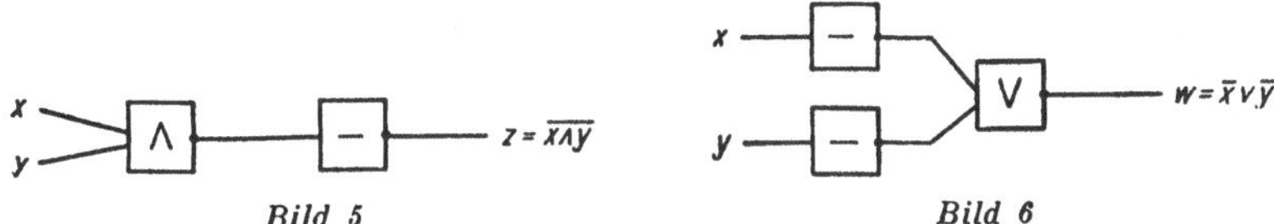

Bild 5

Bild 6

so stellen wir die Übereinstimmung $z = w$ für alle Kombinationen der Variablen x und y fest. Die beiden Schaltungen sind einander äquivalent:

Die Negation der Konjunktion zweier Schaltgrößen x und y liefert die gleichen Ausgangswerte wie die Disjunktion der Negationen von x und y. Es gilt somit die Beziehung

$$\overline{x \wedge y} = \overline{x} \vee \overline{y}.$$

Diese Aussage läßt sich auf n Eingangsgrößen $E_1, E_2, \ldots, E_n$ verallgemeinern und dann wie folgt formulieren:

$$\overline{E_1 \wedge E_2 \wedge \cdots \wedge E_n} = \overline{E_1} \vee \overline{E_2} \vee \cdots \vee \overline{E_n} \quad \text{oder kurz} \quad \overline{\bigwedge_{i=1}^{n} E_i} = \bigvee_{i=1}^{n} \overline{E_i}.$$

Durch Negieren beider Seiten erhält man die Gleichung

$$E_1 \wedge E_2 \wedge \cdots \wedge E_n = \overline{\overline{E_1} \vee \overline{E_2} \vee \cdots \vee \overline{E_n}}$$

und damit die formelmäßige Aussage, daß prinzipiell eine UND-Schaltung durch eine ODER-Schaltung und Negatoren ersetzt werden kann.

2.5.2. *Disjunktion und Negation*

Wir nehmen jetzt zwei Variable x und y, bilden mit ihnen eine Disjunktion und negieren das Ergebnis; der Ausgang des Negators sei mit z bezeichnet (Bild 7). Andererseits werden über Negatoren aus x und y

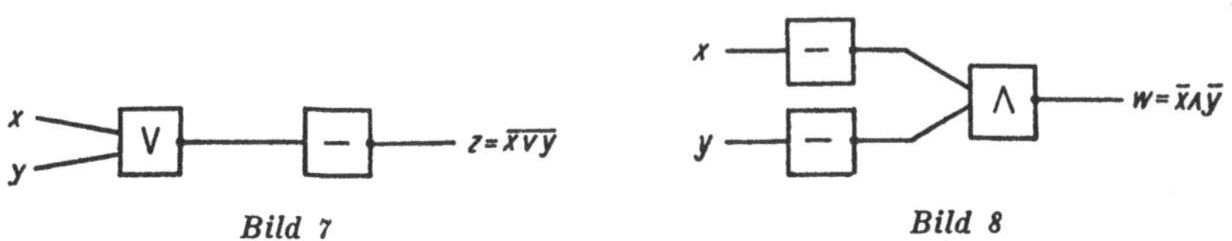

Bild 7

Bild 8

die Schaltgrößen $\overline{x}$ und $\overline{y}$ erzeugt und diese anschließend konjunktiv verknüpft zur Funktion $w = \overline{x} \wedge \overline{y}$ (Bild 8). Die Wertetafel für z und w:

x	O	O	L	L
y	O	L	O	L
z	L	O	O	O
w	L	O	O	O

zeigt die Übereinstimmung der beiden Funktionen. Es gilt also folgende Aussage:

Die Negation der Disjunktion zweier Schaltgrößen x und y liefert die gleichen Ausgangswerte wie die Konjunktion der Negationen von x und y.

In der Formelsprache:

$$\overline{x \vee y} = \overline{x} \wedge \overline{y} .$$

Die Verallgemeinerung dieses Ergebnisses lautet

$$\overline{E_1 \vee E_2 \vee \cdots \vee E_n} = \overline{E}_1 \wedge \overline{E}_2 \wedge \cdots \wedge \overline{E}_n \text{ oder kurz } \overline{\bigvee_{i=1}^{n} E_i} = \bigwedge_{i=1}^{n} \overline{E}_i .$$

Durch Negieren beider Seiten der Gleichung erhält man die Beziehung

$$E_1 \vee E_2 \vee \cdots \vee E_n = \overline{\overline{E}_1 \wedge \overline{E}_2 \wedge \cdots \wedge \overline{E}_n}$$

und damit die formelmäßige Aussage, daß prinzipiell eine ODER-Schaltung durch eine UND-Schaltung und Negatoren ersetzt werden kann.

2.5.3. *Konjunktion und Disjunktion*

Wir betrachten wiederum zwei Schaltvariable x und y und fragen nach einer Schaltung, die die Entscheidung fällt, ob die Werte von x und y übereinstimmen oder voneinander verschieden sind. Die gesuchte Schaltfunktion $z = G\,(x,\,y)$ möge so beschaffen sein, daß $z = L$ die Gleichheit und $z = O$ die Ungleichheit von x und y aussagt. Also muß die Wertetafel

x	O	O	L	L
y	O	L	O	L
z	L	O	O	L

zugrunde gelegt werden. Die aufgestellten Forderungen erfüllt die Funktion

$$z = (x \wedge y) \vee (\overline{x} \wedge \overline{y}) ,$$

deren Schaltbild in Bild 9 skizziert ist.

Man kann aber auch anders vorgehen und verlangen, daß eine Schaltfunktion $w = U(x, y)$ für die Ungleichheit von x und y den Funktionswert $w = \mathrm{L}$ und für die Gleichheit $w = \mathrm{O}$ liefert. Die gesuchte Funktion

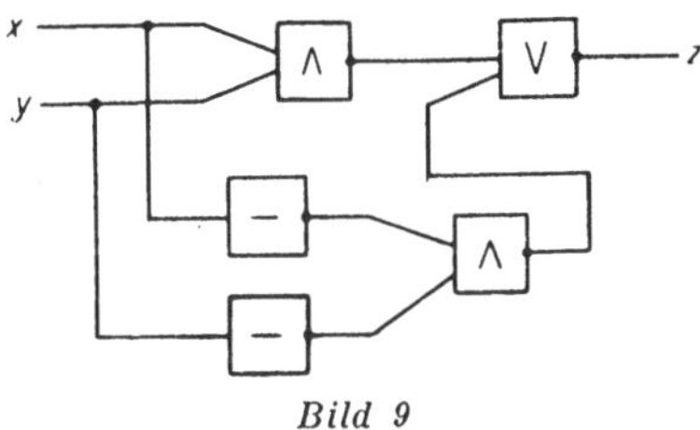

Bild 9

läßt sich durch die Schaltung in Bild 10 realisieren und wird durch den Ausdruck

$$w = (x \wedge \overline{y}) \vee (\overline{x} \wedge y)$$

formelmäßig beschrieben.

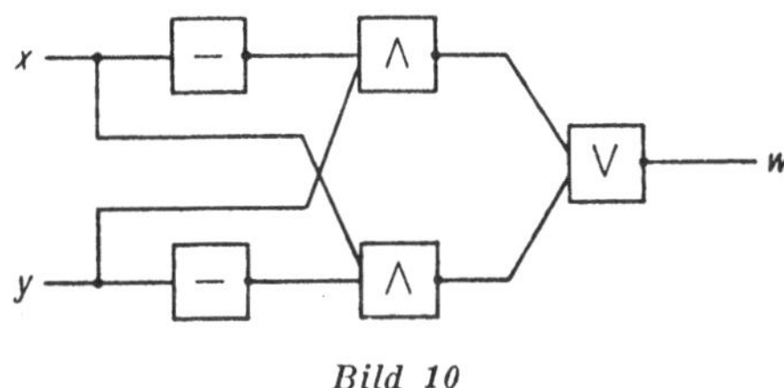

Bild 10

Offenbar muß die Wertetabelle für w gerade die Negationen der z-Werte ergeben, da zwei Schaltgrößen entweder gleich oder ungleich sind und eines das andere ausschließt. Wir haben somit gewissermaßen am Rande die Identität

$$(x \wedge y) \vee (\overline{x} \wedge \overline{y}) = \overline{(x \wedge \overline{y}) \vee (\overline{x} \wedge y)}$$

gewonnen.

Die diskutierten Schaltungen für die Feststellung der Gleichheit bzw. Ungleichheit zweier Schaltgrößen haben in dieser oder jener Form eine große praktische Bedeutung in der Schaltungslogik moderner Rechenautomaten.

2.6. Schaltung eines dualen Addierwerkes

Ziel dieses Abschnittes soll sein, die prinzipielle Arbeitsweise einer Addierschaltung zu verstehen. Es handelt sich hierbei um die ziffernweise Addition zweier Dualzahlen, so wie sie unter 1.3.1.1 beschrieben wurde.

2.6.1. *Zahlenbeispiel*

Wir nehmen als Summanden zwei spezielle Dualzahlen und stellen diese zehnstellig dar, d. h., wir ergänzen die Zahlen von der höchsten geltenden

Stelle bis zur zehnten durch duale Nullen. Das gleiche machen wir mit der Summe. Eine Vorzeichenstelle sehen wir nicht vor.

$$\begin{array}{ll} \text{OOOLLLOLOO} & \text{Augend } A \\ +\ \text{OOLOLOOLLL} & \text{Addend } B \\ \hline \text{OLOOOLLOLL} & \text{Summe } C = A + B \end{array}$$

Der Additionsvorgang erstreckt sich also über insgesamt zehn Dualstellen.

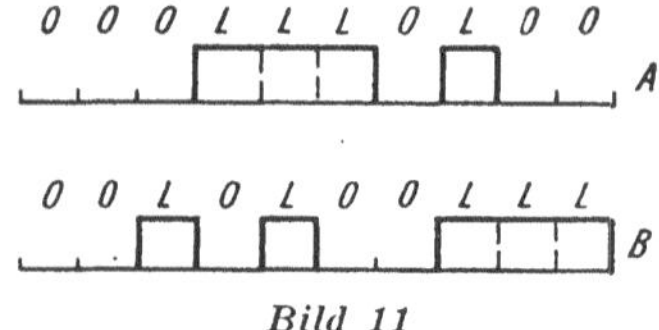

Bild 11

Zur geometrischen Darstellung der beiden Summanden in Bild 11 wählen wir einen Impulszug, genauer eine Folge von Rechteckimpulsen. Die Bezugslinie entspricht der dualen Null und der obere Pegelstand der dualen Eins.

2.6.2. Einführung einer Zeiteinteilung

Wir stellen uns jetzt folgende Situation vor: Die beiden obenerwähnten zehnstelligen Summanden stehen in je einem Speicher, der den zehn aneinandergereihten Dualziffern Platz bietet. Der gesamte für die Addition der zwei Zahlen benötigte Zeitraum wird in zehn gleich lange Zeitabschnitte T_1, T_2, ..., T_{10} geteilt. Im ersten Zeitabschnitt T_1 gelangen die beiden ersten Dualziffern aus ihren Speichern an den Eingang der Addierschaltung, im zweiten Abschnitt T_2 die zweiten Ziffern usf. Die in den Zeitintervallen T_1 bis T_{10} aus den Speichern herauslaufenden zehn Ziffernpaare werden im Addierwerk verknüpft; sein Ausgang liefert im gleichen Rhythmus die Ergebnisziffern.

2.6.3. Eine Verzögerungsschaltung

Die in Abschn. 2.2 bis 2.4 besprochenen Schaltungen UND, ODER und Negator werden nun durch ein weiteres Schaltglied ergänzt, das die

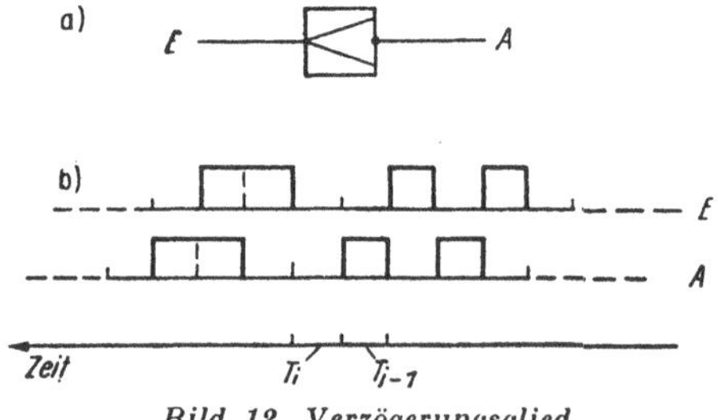

Bild 12. Verzögerungsglied
a) schematisch, b) Wirkungsweise

Funktion einer zeitlichen Verzögerung ausübt. An Hand von Bild 12 sei seine Wirkungsweise näher erläutert.

Nehmen wir beispielsweise an, im Zeitintervall T_5 ist $E = L$, dann wird zur Zeit T_6 $A = L$. Ist während T_5 aber $E = O$, so ergibt sich $A = O$ im nächsten Zeitraum T_6. Man kann den Sachverhalt allgemein so formulieren:

Der Ausgang A eines Verzögerungsgliedes nimmt im Zeitintervall T_i den gleichen Wert an, der zum Zeitraum T_{i-1} am Eingang E herrschte. Wir schreiben symbolisch

$$A(T_i) = E(T_{i-1})\,.$$

2.6.4. *Der Aufbau der Addierschaltung*

Wir setzen jetzt die Schaltung für die duale Addition aus den bekannten Funktionsschaltungen UND, ODER, Negator und Verzögerungsglied zusammen. Bild 13 zeigt die Gesamtschaltung, die die eigentliche Addierschaltung und die Schaltung zur Erzeugung des dualen Übertrages in sich vereinigt. Es sei betont, daß es sich um *eine* von vielen Möglichkeiten handelt, die Regeln des dualen Addierens schaltungsmäßig darzustellen.

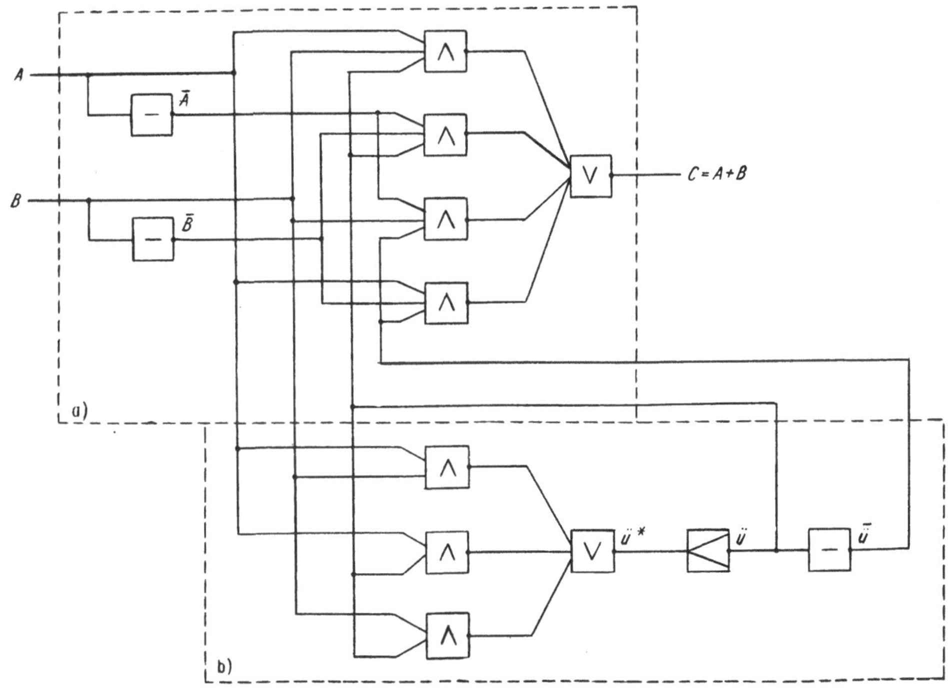

Bild 13. Prinzipschaltbild des dualen Addierwerkes
a) Addierschaltung, b) Übertragsschaltung

31

Da im Zeitintervall T_1 zwar der Eingang $\ddot{u}*$ des Verzögerungsgliedes, jedoch nicht der Ausgang $\ddot{u}$ festliegt, müssen wir die „Anfangsbedingung" $\ddot{u}(T_1) = 0$ stellen. Wie man aus Bild 13 ferner abliest, ergibt sich für die Summe $C = A + B$ als Funktion der Summanden A, B und des Übertrages $\ddot{u}$ der Formelausdruck

$$C = (A \wedge B \wedge \ddot{u}) \vee (\overline{A} \wedge \overline{B} \wedge \ddot{u}) \vee (A \wedge \overline{B} \wedge \overline{\ddot{u}}) \vee (\overline{A} \wedge B \wedge \overline{\ddot{u}}) .$$

Nach den Ausführungen unter 2.6.2 gelangen in den zehn Zeitintervallen T_1 bis T_{10} des gesamten Additionsvorganges Ziffernpaar für Ziffernpaar an den Eingang der Addierschaltung und legen damit die Summen-

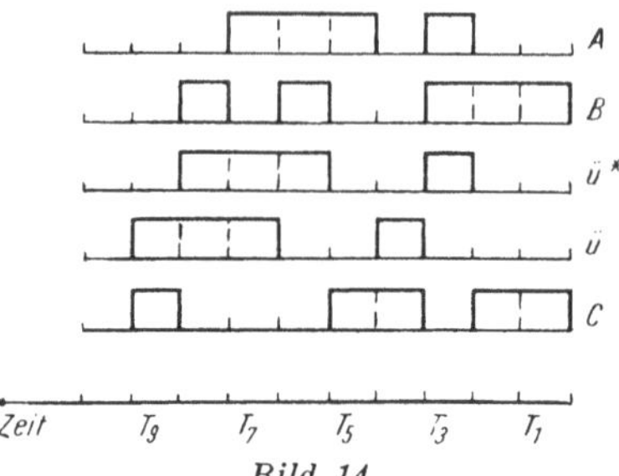

Bild 14

ziffern sowie die einen Takt später zu berücksichtigenden Überträge fest. Bild 14 veranschaulicht für unser anfangs erwähntes Beispiel die Werte der Schaltgrößen A, B, $\ddot{u}*$, $\ddot{u}$ und C in den einzelnen Taktzeiten T_1 bis T_{10}.

2.6.5. Bemerkungen zur dualen Subtraktion

Die Schaltung für die Ausführung der dualen Subtraktion $A - B$ unterscheidet sich von der Additionsschaltung nur durch eine andere Ver-

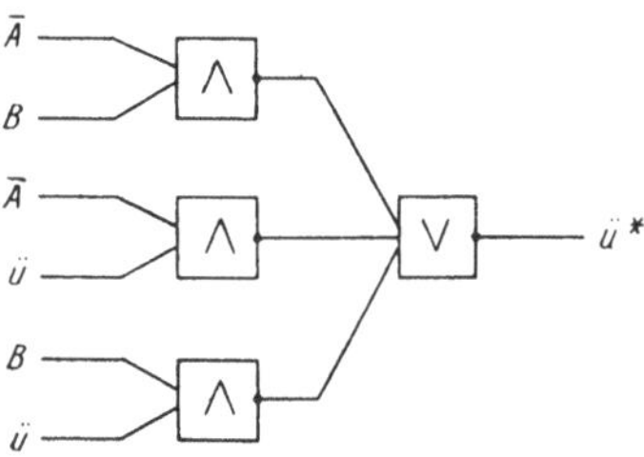

Bild 15. Übertragsschaltung für die duale Subtraktion

knüpfung zur Erzeugung von $\ddot{u}*$ am Eingang des Verzögerungsgliedes (Bild 15). Insbesondere bleibt also die Schaltfunktion der Differenz $A - B$ gegenüber der Addition $A + B$ unverändert:

$$A - B = (A \wedge B \wedge \ddot{u}) \vee (\overline{A} \wedge \overline{B} \wedge \ddot{u}) \vee (A \wedge \overline{B} \wedge \overline{\ddot{u}}) \vee (\overline{A} \wedge B \wedge \overline{\ddot{u}}) .$$

Der interessierte Leser zeichne sich die Gesamtschaltung für die duale Subtraktion auf und „rechne" damit ein Beispiel durch.

2.7. Verschlüsselung von Dezimalziffern in Tetraden

Die Darstellung der Dezimalziffern durch Tetraden ist nach den Ausführungen im Abschn. 1.2 bekannt. Als ein weiteres Beispiel für die Benutzung von Grundschaltungen soll jetzt die Wirkungsweise einer Anordnung beschrieben werden, die die direkte Verschlüsselung von Dezimalziffern in Vierergruppen von Dualziffern vornimmt.

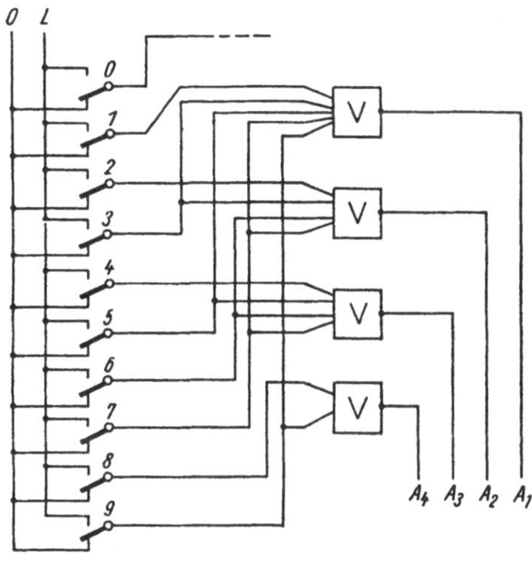

Bild 16

Bild 16 zeigt die zehn Zifferntasten einer Schreibmaschine; sie tragen die Bezeichnung *0, 1, 2, ..., 9*. Der Ruhekontakt jeder Taste liefert an die entsprechenden Eingänge der vier ODER-Schaltungen das Potential O, so daß sämtliche Ausgänge A_1 bis A_4 ebenfalls auf O liegen. Wird aber beispielsweise die Taste *5* gedrückt, so führt der Arbeitskontakt an die angeschlossenen ODER-Schaltungen das Potential L heran, und es wird $A_1 = L$ und $A_3 = L$. Die Werte der vier Ausgänge A_1 bis A_4 repräsentieren in diesem Fall die vier Dualziffern der Tetrade OLOL.

Eine interne Eingabesteuerung des Rechenautomaten nimmt die Tetraden am Ausgang der Verschlüsselungsschaltung in der Reihenfolge ab, in der die Tasten der Eingabetastatur betätigt werden, und baut die tetradisch verschlüsselte Dezimalzahl auf. Dazu ist natürlich notwendig, auch die Tetrade OOOO beim Drücken der Taste *0* in den Aufbau der Zahl einzuordnen.

2.8. Entschlüsselung von Tetraden in Dezimalziffern

Es bestehe die Aufgabe, eine im Rechenautomaten durch eine Folge von Tetraden dargestellte Dezimalzahl über das Druckwerk der angeschlossenen Schreibmaschine, also als Serie von Dezimalziffern, auszudrucken. Das bedeutet, daß zunächst eine dem Automaten eigene Ausgabesteuerung die Tetraden, angefangen bei der höchsten geltenden Ziffer, nacheinander zur Verfügung stellt. Im gleichen Rhythmus ist dann mit Hilfe einer Entschlüsselungsschaltung jeder auftretenden Dualziffernkombination eindeutig eine der Dezimalziffern 0 bis 9 zuzuordnen. Bild 17

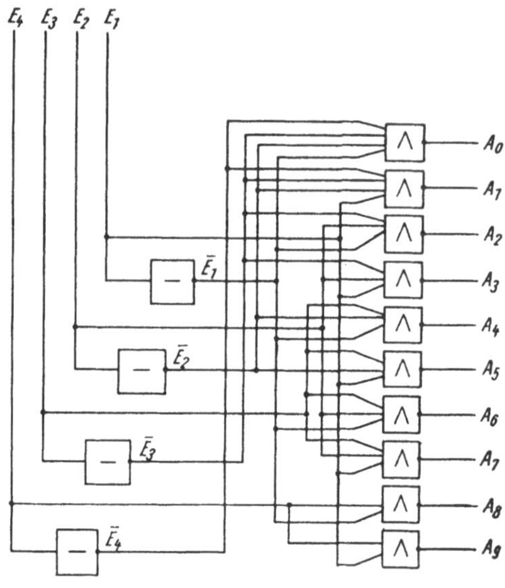

Bild 17

gibt eine mögliche Ausführungsform dieser Entschlüsselung wieder. Die Eingänge E_1 bis E_4 stellen die vier Dualziffern einer Tetrade dar. Derjenige Ausgang A_i, der ein L aufweist, steuert über einen Verstärker den entsprechenden Typenmagneten in der Schreibmaschine an; die entschlüsselte Dezimalziffer kommt zum Abdruck.

Steht beispielsweise am Eingang der Entschlüsselungsschaltung die Tetrade OLOL, so ergibt sich wegen $E_1 = L$, $E_2 = O$, $E_3 = L$ für die Konjunktion $A_5 = E_3 \wedge \overline{E_2} \wedge E_1$ der Wert L, somit wird die Dezimalziffer 5 abgedruckt.

2.9. Übungsaufgaben

2.9.1. Der Formelausdruck $w = F(x, y, z)$ ist für die beiden in Bild 18 skizzierten Schaltungen anzugeben.

2.9.2. Für die beiden Schaltfunktionen

$$A = (x \wedge y) \vee (x \wedge z) \vee (y \wedge z) \quad \text{und} \quad B = \overline{(x \vee y)} \wedge z$$

sind die entsprechenden Schaltungen zu skizzieren.

2.9.3. Für die in den Aufgaben 2.9.1 und 2.9.2 vorkommenden vier Schaltfunktionen sind die Wertetafeln aufzustellen, worin jede der möglichen acht Kombinationen der Variablen x, y und z zu berücksichtigen ist.

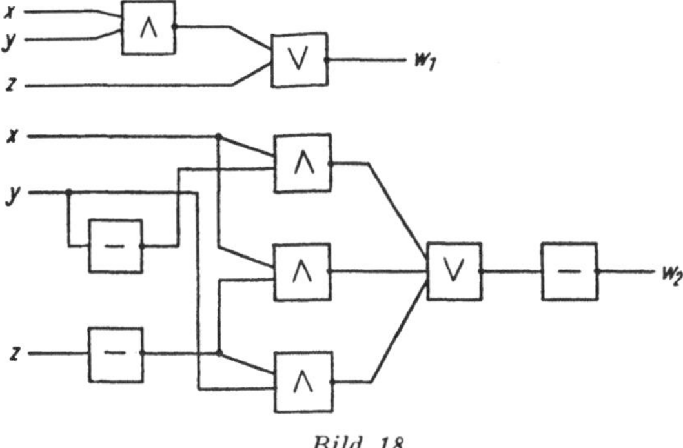

Bild 18

2.9.4. Durch Vergleich der vollständigen Wertetafeln der auf beiden Seiten stehenden Schaltfunktionen sind die folgenden Identitäten zu bestätigen:

a) $x \vee (\overline{x} \wedge y) = x \vee y$,   b) $x \vee (x \wedge y) = x$.

3. Aufbau und Befehlssystem eines digitalen Kleinrechners

Es werden zunächst die hauptsächlichen Bestandteile eines programm gesteuerten Rechenautomaten beschrieben. Diese einzelnen Teile ergeben in ihrem Zusammenwirken eine Maschine, die eine Rechenaufgabe, ein „Problem", automatisch durchzurechnen vermag. Im Rahmen unserer Betrachtungen wird ein Prototyp eines Automaten aufgezeichnet, jedoch nur so viel, wie zum Verständnis der Wirkungsweise unbedingt erforderlich ist. Dieser „gedachte" Automat möge DKR heißen als Abkürzung für „Digitaler Kleinrechner".

Den Abschluß dieses Kapitels bildet eine eingehende Durchsprache des Befehlssystems vom DKR. Damit wird dann gleichzeitig zu den Ausführungen über die Programmierung übergeleitet.

3.1. Das Rechenwerk

Unter dem *Rechenwerk* eines Automaten wollen wir das Organ verstehen, das die arithmetischen Operationen Addition, Subtraktion, Multiplikation, Division und die Verschiebeoperationen Rechtsverschiebung und Linksverschiebung ausführt. Was man unter den beiden letzteren Abläufen zu verstehen hat, wird später erklärt. In der Fachliteratur findet man häufig die Bezeichnung „arithmetische Einheit" für das Rechenwerk eines Elektronenrechners.

3.1.1. *Die Darstellung der Zahlen*

Wir wählen eine Wortlänge von zehn Dezimalstellen. Die eigentliche Zahlenlänge betrage neun Stellen, und die höchste (zehnte) Dezimalziffer sei für die Markierung des Vorzeichens reserviert. Die neun Ziffern der Zahl verschlüsseln wir direkt in Tetraden. Die höchste Dualziffer der zehnten Tetrade charakterisiert das Vorzeichen, und zwar entspreche ein L dem negativen, eine O dagegen dem positiven Vorzeichen. Bild 19 zeigt

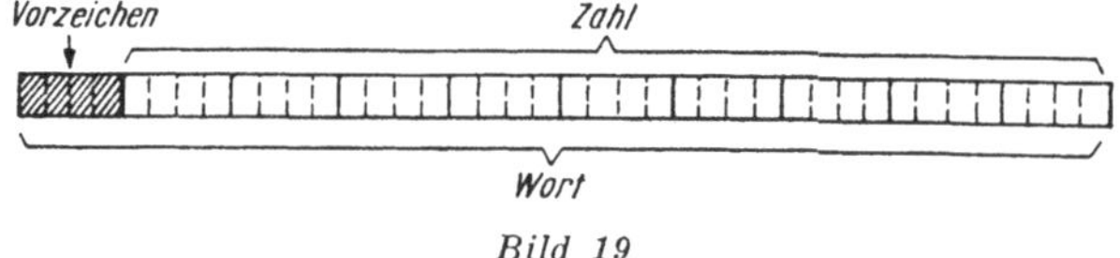

Bild 19

schematisch den Aufbau der Zahl. Die gesamte Wortlänge umfaßt demnach 4 · 10 = 40 Dualstellen. In der Aufeinanderfolge der einzelnen Dualziffern brauchen zwischen den Tetraden keine Lücken zu bestehen. Eine Ablaufsteuerung im Automaten trennt sorglich Tetrade von Tetrade und insbesondere die eigentliche Zahl von der Vorzeichenstelle. Ein Überlauf der neunstelligen Zahl in die Vorzeichenstelle hinein wird vom Rechner registriert und löst den sofortigen Stopp der Maschine aus. Im Sinne der Ausführungen in 1.5 ist die obige Zahlendarstellung kommafrei, d. h., das Rechenkomma wird nicht markiert. Der Rechenautomat arbeitet mit den Zahlen so, als wären sie ganz, als stünde das Komma hinter der kleinsten Stelle.

Beispielsweise wird im Rechenwerk vom DKR die Zahl $+168,21$ in der Form

0000016821 →

    OOOOOOOOOOOOOOOOOOOOOOOOLOLLOLOOOOOLOOOOL

und die Zahl $-73396,542$ in der Form

8073396542 →

    LOOOOOOOOLLLOOLLOOLLLOOLOLLOOLOLOLOOOOLO

dargestellt.

3.1.2. *Die Organisation des Rechenwerkes*

Die Durchführung einer beliebigen Rechenoperation, sagen wir z. B. $a + b = c$, verlangt die Bereitstellung des ersten Operanden (a), des zweiten Operanden (b) und eines Platzes für das Ergebnis (c). Es ist nun zu klären, wie diese Forderungen erfüllt werden. Bild 20 zeigt das einfache Schema eines Rechenwerkes, so, wie wir es benutzen wollen.

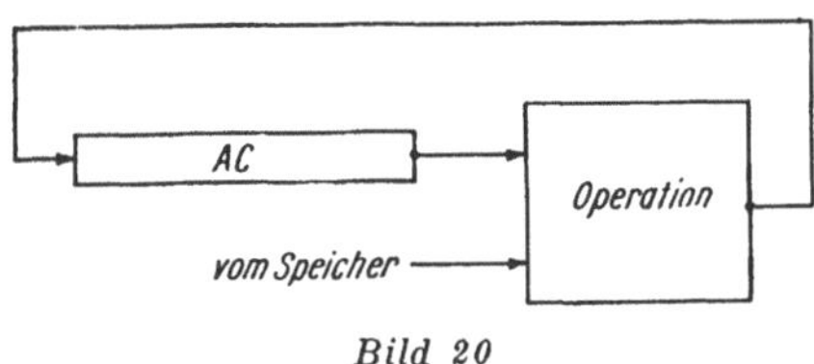

Bild 20

Da ist zunächst das *Rechenregister AC*, das einer zehnstelligen Dezimalzahl Platz bietet, also ein volles Wort aufnehmen kann. Dieses Register enthält die Zahl a, den ersten Operanden. Der zweite Operand b kommt vom Speicher über eine Transportleitung ins Rechenwerk. Über die Struktur des Speichers und die Ausführung des Transports wird an anderer Stelle zu sprechen sein. Hier soll nur so viel gesagt werden, daß der Speicher aus einzelnen Zellen besteht und jede dieser Zellen ein Wort, bestehend aus zehn Dezimalen, aufnehmen kann. Nach Erledigung der Operation gelangt das Resultat c in das Rechenregister AC und wird dort bis zur nächsten Operation aufbewahrt, gewissermaßen akkumuliert. Aus diesem Grunde sagt man auch, dieses Register ist ein *Akkumulator* (englisch: accumulator), und verwendet dafür die Abkürzung AC. Es ist zu bemerken, daß der erste Operand a nach der Operation nicht mehr im Rechenwerk zur Verfügung steht; er geht verloren.

Das Kästchen mit der Bezeichnung *Operation* in Bild 20 soll andeuten, daß hier die eigentliche Verknüpfung der beiden Operanden a und b zum

Resultat c vor sich geht. Wie wir später noch sehen werden, greift bei Rechts- oder Linksverschiebung der Zahl in AC ein zweiter Operand b nicht in den Ablauf ein. Es handelt sich hier um eine Operation, die sich lediglich auf eine Zahl, auf einen Operanden (nämlich a), erstreckt.

Wie schon eingangs erwähnt, sind folgende Operationen möglich: 1. Addition $a + b \Rightarrow c$, 2. Subtraktion $a - b \Rightarrow c$, 3. Multiplikation $a \cdot b \Rightarrow c$, 4. Division $a : b \Rightarrow c$, 5. Linksverschiebung von a, 6. Rechtsverschiebung von a. Das verwendete Zeichen $\Rightarrow$ („Ergibt-Zeichen") soll besagen, daß der links stehende Ausdruck zu berechnen und das Resultat mit dem rechts stehenden Symbol zu bezeichnen ist.

3.2. Das Leitwerk

Das *Leit-* oder *Steuerwerk* eines Rechenautomaten hat die Aufgabe, Befehl für Befehl in einer vorgegebenen Reihenfolge dem Speicher zu entnehmen, jede dieser Anweisungen zu entschlüsseln und je nach Ergebnis der Entschlüsselung die entsprechende Operation auszulösen bzw. zu steuern. Wenn man dergestalt die Funktionen eines Leitwerks charakterisiert, so ist natürlich in erster Linie der Begriff „Befehl" zu klären. Wir beziehen uns auch hier auf den DKR, um uns an ein konkretes Beispiel halten zu können; denn gerade der Aufbau und die Steuerwirkung eines Maschinenbefehls ist fast so vielfältig wie die Anzahl der bestehenden Typen von Rechenanlagen selbst.

3.2.1.　*Die Darstellung eines Befehls*

Wir wollen unter einem *Befehl* eine Anweisung, eine Instruktion, an den Rechenautomaten verstehen, eine bestimmte Operation vorzunehmen. Als Darstellungsform wählen wir eine Kombination von mehreren Dezimalziffern, die wir zu einem Wort nach dem Schema in Bild 21 zusammen-

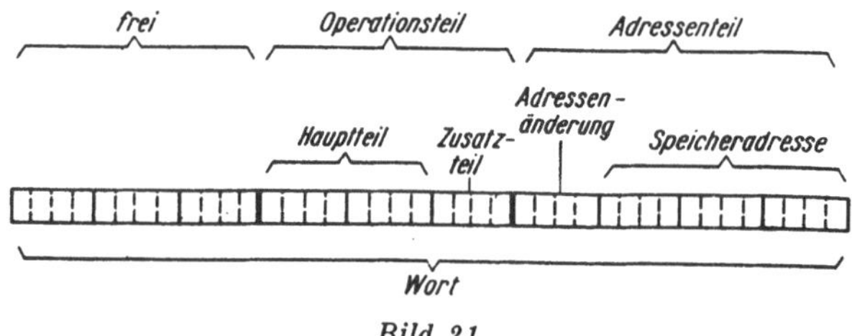

Bild 21

fassen. Die ersten (niedrigsten) drei Stellen kennzeichnen als Adresse einen Platz (eine Zelle) im Speicher. Die vierte Dezimalziffer sagt aus, ob die Adresse vor ihrer Benutzung verändert werden muß; die Bedeutung dieser Stelle wird noch näher erläutert. Die fünfte, sechste und siebente Ziffer geben an, welche Operation auszuführen ist. Die drei höchsten Stellen sind ohne Bedeutung, sie bleiben in jedem Befehl unbesetzt, und wir stellen deshalb das Befehlswort stets siebenstellig dar.

Ein Befehl kann also z. B. durch die Dezimalzahl 1301835 repräsentiert werden. Was die einzelnen Dezimalziffern eines Befehls im Automaten bewirken, sagt der Befehlsschlüssel (Befehlscode) aus, der noch ausführlich durchgesprochen wird. Vorläufig begnügen wir uns mit der Feststellung, daß das Leitwerk eines Rechenautomaten die Fähigkeit hat, jede Ziffer des Befehls abzufragen und daraufhin die entsprechenden Maßnahmen zu veranlassen. Aus der Aufteilung des Befehlswortes in Bild 21 erkennt man die zwei wesentlichen Teile eines Befehls, wie sie wohl in jedem Maschinenbefehl zu finden sind: zum einen der Operationsteil und zum anderen der Adressenteil. Rechner, die mit Befehlen arbeiten, die eine einzige Adresse enthalten, heißen *Einadreßmaschinen* und die Befehle *Einadreßbefehle*. Unser Automat DKR ist also in diesem Sinne eine Einadreßmaschine.

3.2.2. *Die Arbeitsweise des Leitwerks*

3.2.2.1. Der Befehlsaufruf

Wir gehen davon aus, daß im Speicher eine Folge von Befehlen untergebracht ist. Die einzelnen Befehle mögen in der Reihenfolge, in der sie abgearbeitet werden sollen, über eine entsprechende Folge von Adressen zugängig sein. Wir betrachten ein Beispiel. Eine Gesamtheit von 75 Befehlen ist in den Zellen 200 bis 274 gespeichert. Das soll besagen: Der erste Befehl ist unter der Adresse 200 erreichbar, der zweite unter der Adresse 201, der dritte unter der Adresse 202 usw. Es ist an dieser Stelle ausdrücklich darauf hinzuweisen, daß streng zwischen der Adresse *im* Befehl und der Adresse *des* Befehls unterschieden werden muß. Erstere wird im Ablauf der Operation benutzt, während letztere die Lage des Befehls im Speicher markiert und den Befehlsaufruf steuert.

Die Befehlsadresse ist demnach außerhalb des Befehls untergebracht, und zwar in einem gesonderten Register, das wir *Befehlszähler* nennen. — Register sind spezielle Speicherzellen, die Rechen- oder Steuergrößen aufnehmen. Oftmals ist ihre Länge und ihre technische Ausführung eine andere als die der gewöhnlichen Speicherzellen eines Rechenautomaten. Im DKR werden drei Register benutzt: das Rechenregister AC, das Befehlsregister B und der Befehlszähler C. — Hat das Leitwerk eines Rechenautomaten die Aufgabe, einen Befehl aus dem Speicher zu holen, so legt der Inhalt des Befehlszählers fest, wo der aufzurufende Befehl zu finden ist. Der aus dem Speicher kommende Befehl gelangt zunächst in ein weiteres Register, in das sog. *Befehlsregister*, und gleichzeitig wird der Inhalt des Befehlszählers um 1 erhöht. Beim nächsten Befehlsaufruf ist deshalb die Auswahl des darauffolgenden Befehls gesichert.

3.2.2.2. Die Adressensubstitution

Der aufgerufene Befehl befindet sich im Befehlsregister. Wir beschreiben nun einen Vorgang, dessen Bedeutung in letzter Konsequenz erst beim Programmieren bestimmter Aufgabentypen hervortritt.

Die Befehlsdarstellung nach Bild 21 sieht in der vierten Dezimalstelle eine Information vor, die sich auf die in den ersten drei Stellen stehende Adresse bezieht. Wir legen fest, daß die Ziffer 0 die Adresse unverändert läßt, während die Ziffer 1 verlangt, die Adresse in der folgenden Art und Weise zu ändern.

Das Leitwerk sucht im Speicher den Platz, der durch die Adresse im Befehl gekennzeichnet ist. Die niedrigsten vier Stellen des dort befindlichen Wortes werden in das Befehlsregister transportiert, und zwar an die Stellen, wo vorher die alte Adresse und die Änderungsinformation standen. Die vier eingesetzten (substituierten) Dezimalziffern bilden die neue Adresse und das neue Änderungsmerkmal. Steht als neue Ziffer in der vierten Stelle wiederum eine 1, so wird eine weitere Substitution vorgenommen. Andernfalls ist der Vorgang der Adressenänderung abge·schlossen.

Wir demonstrieren die Adressensubstitution an einem Beispiel. Im Befehlsregister stehe der Befehl ···1419, von dem die vorderen drei Ziffern hier nicht interessieren. Die vierte Ziffer ist eine 1, also wird eine Substitution ausgeführt. Im Speicherplatz mit der Adresse 419 befinde sich das Wort ···0134. Die höchsten sechs Stellen sind beliebig, sie werden aber meistens mit Nullen besetzt sein. Nach beendeter Substitution steht im Befehlsregister der Befehl ···0134. Die vierte Stelle ist jetzt mit einer Null besetzt, eine weitere Adressenänderung wird also nicht vorgenommen.

3.2.2.3. Die Operationssteuerung

Nunmehr tritt die Tätigkeit des Leitwerks in die letzte und gleichzeitig bedeutsamste Phase ein. Entsprechend der Aussage des gesamten Befehls kommt eine bestimmte Operation zur Ausführung. Welche Abläufe im einzelnen möglich sind, ergeben die zusammenfassenden Darlegungen im Abschn. 3.7. Hier betrachten wir nur ein Beispiel.

Wenn sich der Befehl „Addition" im Befehlsregister befindet, steuert das Leitwerk zunächst den Aufruf und den Transport des zweiten Operanden b, der durch die Adresse im Additionsbefehl festgelegt ist. Danach wird b zum Inhalt a des Akkumulators AC addiert und das Resultat $c = a + b$ in AC gespeichert.

3.2.2.4. Zusammenfassung

Wir wollen abschließend die Arbeitsweise des Leitwerks in einem Ablaufdiagramm (Bild 22) anschaulich darstellen. Insbesondere wird daraus

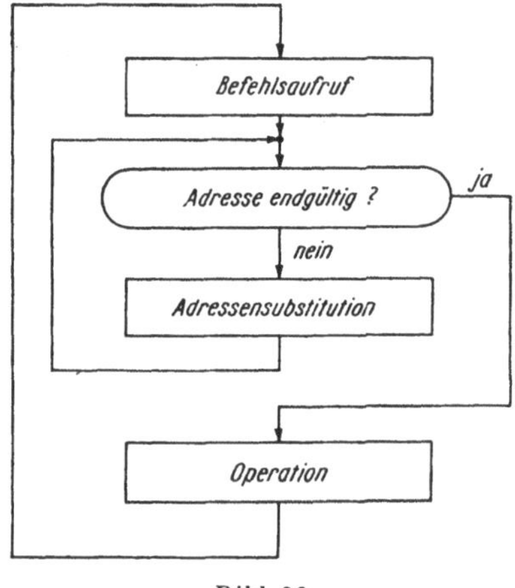

Bild 22

ersichtlich, daß nach der Operationssteuerung der Aufruf des nächsten
Befehls folgt und sich damit der Zyklus schließt.

Versucht man, die wichtigsten Teile des Leitwerks und ihr Zusammenwirken in einem Blockschaltbild festzuhalten, so kommt man etwa auf
eine Darstellung, wie sie Bild 23 zeigt. Der Arbeitszyklus des Leitwerks

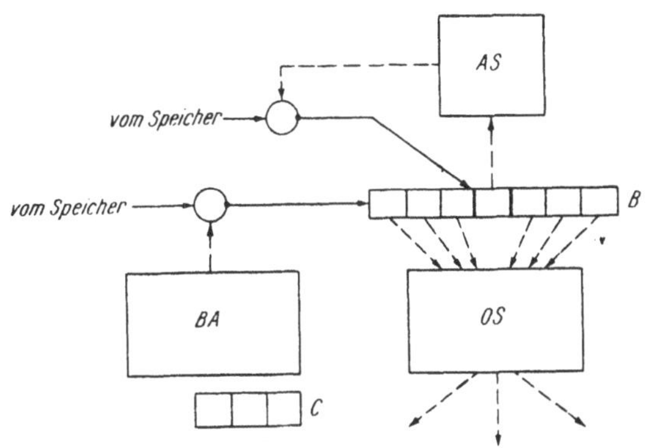

Bild 23. Blockschaltbild des Leitwerks

Ausgezogene Verbindungslinien stellen Transportleitungen, gestrichelte
Verbindungslinien dagegen Steuerleitungen dar

sei an Hand dieses Blockschaltbildes kurz wiederholt.

1. Die Befehlsaufrufsteuerung BA veranlaßt den Transport eines Befehls
   vom Speicher in das sieben Dezimalziffern fassende Befehlsregister B;
   hierbei übernimmt die Befehlsadresse im Befehlszähler C die Speicheradressierung. Nach dem Befehlstransport wird die Befehlsadresse in
   C um 1 erhöht.

2. Verlangt die Beschaffenheit der vierten Ziffer im Befehl eine Adressensubstitution AS, so steuert diese den Transport der neuen Adressenziffern in den Adressenteil des Befehlsregisters. Dabei gibt die alte
   Adresse im Befehl an, wo die neue Adresse im Speicher zu finden ist.

3. Der gesamte Befehl wird entschlüsselt, und die Operationssteuerung
   OS gibt an bestimmten Stellen des Automaten die entsprechenden
   Instruktionen. Nach deren Ausführung erfolgt der Aufruf des nächsten
   Befehls.

3.3. Der Speicher

In den vorangegangenen Abschnitten kam zuweilen die Rede auf den
Speicher als Aufbewahrungsort für Zahlen, Adressen und Befehle. Es wurde
auch schon erwähnt, daß der Speicher in einzelne Zellen aufgeteilt ist,
von denen jede eine zehnstellige Dezimalzahl, dargestellt durch 40 Dualziffern, aufnehmen kann. Nunmehr wollen wir uns näher mit dem Aufbau
und der Wirkungsweise eines Magnettrommelspeichers befassen, denn
einen solchen Speicher legen wir künftig zugrunde. Natürlich gibt es noch
andere Speicherarten, die für Rechenautomaten Verwendung finden

(Magnetkernspeicher, Magnetbandspeicher u. a.), jedoch gestattet gerade
die Magnettrommel ein ausgewogenes Verhältnis von Speicherkapazität,
Arbeitsgeschwindigkeit und Aufwand bei den Rechnern der uns interes-
sierenden Größenordnung. Die drei genannten Komponenten bestimmen
maßgeblich den Preis des Automaten, so daß der Wahl eines geeigneten
Speichers bei der Konstruktion der Maschine eine nicht zu unterschätzende
Bedeutung zukommt.

3.3.1. *Aufbau und Arbeitsweise des Magnettrommelspeichers*

Wir denken uns einen Kreiszylinder, der mit Hilfe eines Motors um
seine Achse rotiert, und zwar mit der Geschwindigkeit von 6000 Umdre-
hungen in der Minute. Der Mantel des Zylinders ist mit einer dünnen
magnetisierbaren Schicht belegt. Um eine Vorstellung von den ungefähren

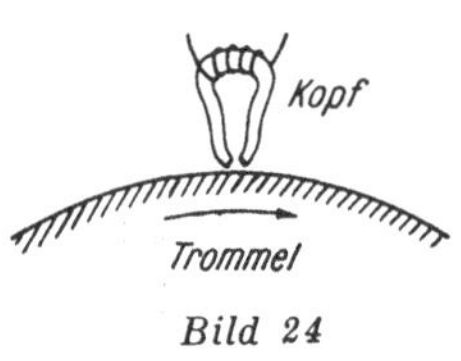

Bild 24

geometrischen Ausmaßen zu vermitteln, seien für
die Höhe des Zylinders 100 mm und für den
Durchmesser ebenfalls 100 mm angegeben.

Den rotierenden Trommelkörper umgibt eine
feststehende Hülle aus Leichtmetall, in der sich
die Schreib- und Leseorgane, die sog. Magnetköpfe, befinden. Ein solcher Magnetkopf über-
streicht eine Kreisbahn, eine „Spur“, wie wir
sagen. Er übernimmt auf seiner Spur sowohl den
Schreib- als auch den Lesevorgang; die jeweilige Steuerung erfolgt vom
Leitwerk aus.

Zu den physikalischen Grundlagen der magnetischen Aufzeichnung und
Wiedergabe sei folgendes gesagt: Bild 24 zeigt schematisch ein Segment
des Trommelkörpers und den Magnetkopf einer Spur, der im wesentlichen
aus einer Spule mit Eisenkern besteht. Soll ein Impuls auf die Magnetschicht der Trommel geschrieben werden, so durchfließt kurzzeitig ein
Strom die Spule des Magnetkopfes. Das sich bildende Magnetfeld (Durch-
flutungsgesetz!) polarisiert die Stelle der Spur, die sich gerade unter dem
Kopf befindet. Der elektrische Impuls ist somit in Form eines kleinen,
eng begrenzten Magnetfeldes auf der Schicht des rotierenden Zylinders
gespeichert. Soll die gespeicherte Information von der Magnetschicht der
Trommel gelesen werden, so induziert das bewegte kleine Magnetfeld in
der Wicklung des feststehenden Kopfes eine Spannung (Induktionsgesetz!).
Der somit kurzzeitig fließende elektrische Strom wird einem Verstärker
als Lesesignal zugeführt.

Da im Rechenautomaten alle Informationen als Folgen von Dualziffern O und L dargestellt werden, muß natürlich die Möglichkeit bestehen, auch in der Art der magnetischen Speicherung die Ziffern O und L
voneinander zu unterscheiden. Das läßt sich z. B. so realisieren, daß man
verschiedene Polaritäten für die durch die Kopfwicklung fließenden Ströme
und damit auch für die lokalen Magnetfelder auf der Trommeloberfläche
verwendet. Abschließend halten wir noch fest, daß beim Beschreiben eines
bestimmten Abschnittes der Spur die bisher dort gewesene Information
überschrieben wird, also verlorengeht. In jeder Zelle des Trommelspeichers
bleibt demnach der gespeicherte Inhalt so lange erhalten, bis der Rechner
in diese Zelle ein neues Wort schreibt.

3.3.2. *Die Zelleneinteilung auf der Magnettrommel*

Wir teilen den Trommelmantel zunächst in 50 Spuren auf (Bild 25 a),
brauchen also insgesamt 50 Magnetköpfe als Schreib-Lese-Organe. Bei der
angegebenen Höhe des Zylinders von 100 mm bedeutet das einen Spur-
abstand von 2 mm. Jede der 50 Spuren wird nun weiter unterteilt in 20
gleiche Kreisabschnitte, deren zugehörige Sektoren einen Zentriwinkel von
360 : 20 = 18 Grad aufweisen (Bild 25 b). Einen solchen Kreisabschnitt
bezeichnen wir als *Zelle*. Jede der insgesamt 50 · 20 = 1000 Zellen des
Trommelspeichers bietet einer Folge von 10 Dezimalziffern = 40 Dualziffern oder, wie wir sagen, einem *Wort* Platz. Mit einem Durchmesser der
Trommel von 100 mm ergibt eine kurze Rechnung eine Informationsdichte
auf der Spur von 25 Magnetisierungspunkten je cm.

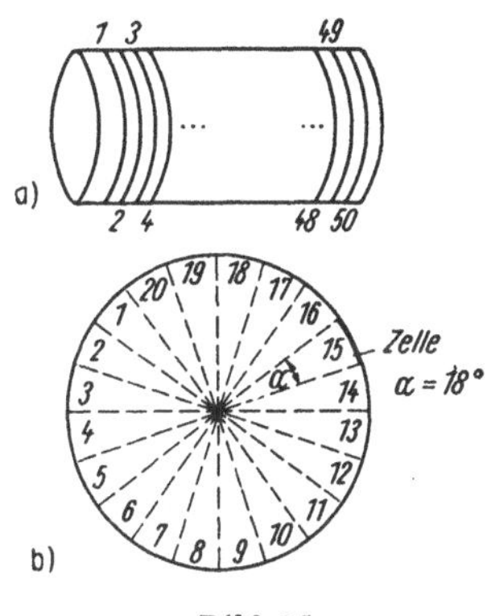

Bild 25

Unser Magnettrommelspeicher, wir wollen ihn im folgenden kurz wieder
Speicher nennen, hat demnach eine Gesamtkapazität von 1000 Worten.
Jedes Wort kann eine Zahl oder einen Befehl repräsentieren.

Die Anzahl der einem Rechenautomaten zur Verfügung stehenden
Speicherzellen ist für seine Leistungsfähigkeit ein wesentliches Kriterium,
allerdings auch für seinen Preis. Die Wahl der Größe und der Art des
Speichers ist unter Berücksichtigung des Einsatzgebietes für den Rechner
sehr sorgfältig zu treffen, um ein hohes Maß an Wirtschaftlichkeit der
Anlage herauszuholen.

3.3.3. *Die Auswahl einer Zelle*

Der Rechenautomat muß die Möglichkeit haben, aus der Gesamtheit
der verfügbaren 1000 Speicherzellen eine bestimmte Zelle auszuwählen,
um in sie ein Wort zu schreiben oder aus ihr ein Wort zu lesen. Jeder Zelle
des Speichers muß also eindeutig ein Kennzeichen, eine *Adresse*, zugeordnet werden, die dann für diese Zelle charakteristisch ist und deren
Auswahl ermöglicht. Es liegt nahe, die 1000 Dezimalziffernkombinationen
000, 001, 002, ..., 997, 998, 999 als Adressen für die 1000 Speicherzellen
zu verwenden.

Wenn das Leitwerk die Aufgabe hat, zu einer gegebenen Adresse die
entsprechende Speicherzelle zu suchen, muß es 1. die Spur und 2. auf dieser
Spur die gesuchte Zelle auswählen. Beide Informationen, die Spurkennzeichnung und die Zellenangabe, sind in der dreistelligen Adresse enthalten
und stehen der Auswahleinrichtung des Leitwerks zur Verfügung. In welcher Weise die Aufspaltung der Adresse in 50 Kennzeichen für die Spuren
und 20 Kennzeichen für die Zellen einer Spur vorgenommen wird, wollen
wir hier nicht näher untersuchen.

Im Zusammenhang mit der Auswahl im Magnettrommelspeicher ist die
Frage interessant, wie lange es dauert, bis die gesuchte Zelle gefunden ist.
Wir machen uns die Verhältnisse an einem Beispiel klar (Bild 26). Die
markierte Zelle Z sei gesucht, und der Beginn der Suche entspreche der
eingezeichneten Lage von Kopf und Trommel zueinander. Dann muß der
Kopf genau 12 Zellen überstreichen, bevor der Anfang der Zelle Z unter
ihm erscheint. Die Zeit, die dabei vergeht, nennt man die „Zugriffszeit".
Offenbar hängt die Größe der Zugriffszeit davon ab, welche relative Stellung der Magnetkopf und die gesuchte Zelle zu Beginn des Suchvorganges einnehmen. Die auftretenden Zugriffszeiten werden also zwischen zwei Extremwerten schwanken, zwischen einer minimalen
und einer maximalen Zugriffszeit. Als Maß für die
Schnelligkeit eines Speichers benutzt man häufig den
Betrag seiner mittleren Zugriffszeit. Beim Magnettrommelspeicher gibt die halbe Umdrehungszeit der
Trommel einen Anhaltspunkt für seine Schnelligkeit;
sie stimmt jedoch nicht exakt mit dem arithmetischen Mittelwert aller möglichen Zugriffszeiten
überein.

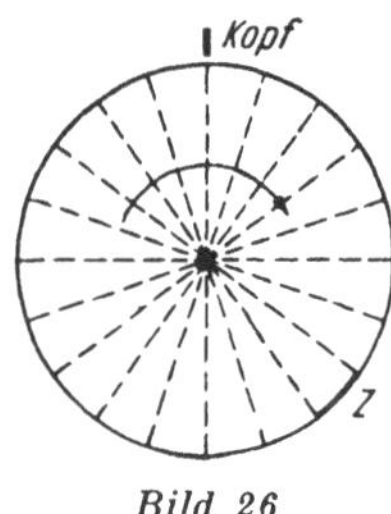

Bild 26

Die Trommel vom DKR weist wegen der Umdrehungszahl 6000 eine
halbe Umdrehungszeit von 0,005 Sekunden auf.

Wir schließen unsere Betrachtungen über den Speicher ab und erklären
lediglich einen letzten Begriff, den Begriff des *Arbeitsspeichers*. Bei Rechenautomaten unterscheidet man interne und externe Speicher. Interne Speicher oder Arbeitsspeicher sind solche Aggregate, die ständig mit dem
Rechenteil des Automaten in Verbindung stehen, in relativ schneller Folge
Zahlen aufnehmen und wieder abgeben, die darüber hinaus Konstanten
und Programmbefehle aufbewahren. Um einen solchen Arbeitsspeicher
handelt es sich bei der Trommel unseres Automaten DKR. Externe Speicher dagegen arbeiten nur zeitweise und in relativ großen Abständen mit
den übrigen Teilen des Rechners zusammen, um dann meist ganze Blöcke
von Informationen in den Arbeitsspeicher abzugeben oder von diesem
aufzunehmen. Für Kleinrechner sind die externen Speicher, ihre Art und
ihre Kapazität nicht von der enormen Bedeutung wie z. B. für große
Datenverarbeitungsanlagen. Wir werden später im Lochstreifen den einzigen externen Speicher des DKR kennenlernen.

3.4.   Die Eingabe

Die Darstellung des DKR ist nun so weit gediehen, daß wir uns in den
zwei folgenden Abschnitten überlegen müssen, welche Möglichkeiten wir
zur Eingabe von Informationen (Zahlen, Befehle) und zur Ausgabe von

44

Resultaten wählen. Zunächst wenden wir uns dem Eingabeprozeß und den hierfür vorgesehenen Geräten zu.

3.4.1. *Eingabe über die Schreibmaschine*

Als erstes Eingabegerät benutzen wir eine elektrische Schreibmaschine. Der Eingabevorgang verläuft wie folgt: Ein Programmbefehl „Tastatureingabe" öffnet vom Leitwerk her den Kanal zwischen der Schreibmaschine und dem Akkumulator AC. In diesem Kanal befindet sich die Verschlüsselungsschaltung, die jedem Tastenkontakt die entsprechende Tetrade zuordnet. Es wird die einzugebende Zahl ziffernweise über die Zifferntasten der Schreibmaschine eingetastet, und die den einzelnen Dezimalziffern entsprechenden Tetraden finden sich im Akkumulator in der gleichen Reihenfolge wieder. Negative Zahlen sind durch Drücken der Minustaste zu kennzeichnen. Das Komma bei gebrochenen Zahlen kann zwar mitgeschrieben werden, gelangt aber nicht in den Rechner.

Beispiel: Die eingetastete Zahl —435,2791 befindet sich nach beendetem Eingabevorgang in der Form

LOOOOOOOOOOOOOLOOOOLLOLOLOOLOOLLLLOOLOOOL

im Rechenregister AC.

Zum Schluß der Eintastung hat man eine Taste mit der Bezeichnung „Start" zu drücken, um somit den weiteren Programmablauf auszulösen. Die Eingabe von Informationen über die Schreibmaschine in das Rechenwerk des Automaten blockiert diesen für eine relativ lange Zeit und ist deshalb nach Möglichkeit zu vermeiden. Sie kann jedoch bei der Durchrechnung bestimmter Programme sowie für Kontrollzwecke vorteilhaft sein.

3.4.2. *Eingabe über den Lochstreifen*

Der Lochstreifen ist das Eingabemittel. Auf ihm sind durch Lochkombinationen die einzelnen einzugebenden Dezimalziffern hintereinander angeordnet. Wir wollen uns nicht näher mit der Verschlüsselung auf dem Streifen und mit der Steuerung der Streifeneingabe beschäftigen. Es sei nur erwähnt, daß zur Streifenherstellung ein Lochgerät gebraucht wird, das meist an die elektrische Schreibmaschine angeschlossen ist. Für die Eingabe steht ein Streifenabtaster zur Verfügung, der Zeichen für Zeichen abtastet und in die Maschine gibt, wo sie nötigenfalls umgeschlüsselt und als Folge von Tetraden in den Akkumulator eingeschrieben werden. Den Eingabevorgang löst der Befehl „Streifeneingabe" aus, der auch den Abtaster steuert.

Es kann im Rahmen dieses Bandes nicht auf das sog. „Eingabeprogramm" eingegangen werden, das im Speicher des Automaten untergebracht ist und im wesentlichen die Übernahme der Zahlen vom Lochstreifen in den Akkumulator und den Transport des AC-Inhaltes in eine bestimmte Speicherzelle steuert. Eigentlicher Zweck der Streifeneingabe ist also die Überführung einer mehr oder weniger langen Kette von Zahlen vom Lochstreifen in den Arbeitsspeicher der Maschine. Das Register AC übt hierbei die Funktion eines Zwischenspeichers aus.

Wichtigstes Anwendungsgebiet für den Lochstreifen ist die Programmspeicherung. Einmal vom Programmierer aufgestellte Befehlsfolgen werden
in den Streifen gelocht und in einer Programmbibliothek aufbewahrt.
Soll ein Problem numerisch durchgerechnet werden, so ist der Streifen
mit dem entsprechenden Programm der Bibliothek zu entnehmen, in den
Abtaster einzulegen und mit seiner Hilfe das Programm in den Speicher
zu überführen. Die mehrfache Durchrechnung ein und derselben Aufgabe
erfordert demnach nur eine einmalige Programmierungsarbeit.

3.5. Die Ausgabe

Der Rechenautomat muß eine Möglichkeit haben, Zahlen nach außen
zu geben, und zwar in einer dem Menschen vertrauten Form. Diese Arbeit
leistet das Ausgabegerät. Wir bedienen uns hier der einfachsten und dabei
unmittelbarsten Form der Ausgabe, nämlich der über eine elektrische
Schreibmaschine.

Grob skizziert verläuft der Ausgabevorgang etwa folgendermaßen. Ausgelöst durch den Programmbefehl „Druck", beginnt das Leitwerk, den
Inhalt des Registers AC von der neunten Stelle an abwärts abzufühlen.
Sobald die erste von Null verschiedene Tetrade erreicht ist, setzt der
Druckvorgang ein. Jeder Tetrade wird über eine Entschlüsselungsschaltung die entsprechende Dezimalziffer zugeordnet, der auf diese Weise
ausgewählte Typenhebel schlägt an und bringt die Ziffer zum Abdruck.
Nach dem Druck der letzten Ziffer erfolgt schließlich die Abfühlung der
höchsten (zehnten) Stelle im Akkumulator. Liegt die Tetrade LOOO vor,
so kommt noch das Minuszeichen zum Abdruck. Das positive Vorzeichen
wird nicht geschrieben. Der Druckbefehl enthält weiterhin eine Information darüber, wohin in der auszudruckenden Zahl das Komma zu schreiben ist (s. auch S. 52).

Die einfachste Form der Druckbildanordnung ist zweifellos die, daß man
alle ausgedruckten Zahlen stellenrichtig untereinanderschreibt, in einer
einzigen Kolonne anordnet. Vielfach wird man aber eine anspruchsvollere
Formulargestaltung vornehmen wollen. Hierfür ist es notwendig, bestimmte Bewegungen des Schreibmaschinenwagens als Formularträger vom Programm aus zu steuern, und zwar mit Hilfe von speziellen Programmbefehlen. Einfache Beispiele sind der Wagenrücklauf und die Tabulierung.
Im Rahmen unserer Betrachtungen liegen jedoch die Probleme der Formulargestaltung am Rande. Wir wollen deshalb auch im nächsten Kapitel
über Programmierung nicht darauf zurückkommen und uns mit dem einfachen Kolonnendruck begnügen.

3.6. Zusammenfassung. Blockschaltbild des Automaten DKR

Die fünf Baugruppen unseres Rechenautomaten, das Rechenwerk, das
Leitwerk, der Speicher, die Eingabe und die Ausgabe, ergeben durch ihre
Zusammenarbeit die Möglichkeit, umfangreiche und komplizierte Rechnungen automatisch ausführen zu können. Leitwerk und Rechenwerk stellen ausführende Organe dar, während der Speicher als Gedächtnis des
Automaten arbeitet. Eingabe und Ausgabe vermitteln zwischen dem
Rechner und der Außenwelt.

Das Bild unseres Automaten DKR ist damit abgerundet. Seine einzelnen Teile sollen abschließend in einem Blockschaltbild die Gesamtstruktur veranschaulichen (Bild 27). Die Kästchen repräsentieren die wichtigsten Organe des Rechners. Die Kreise deuten auf Transportsteuerungen hin. Ausgezogene Verbindungslinien stellen Transportleitungen und gestrichelte Linien Steuerleitungen dar.

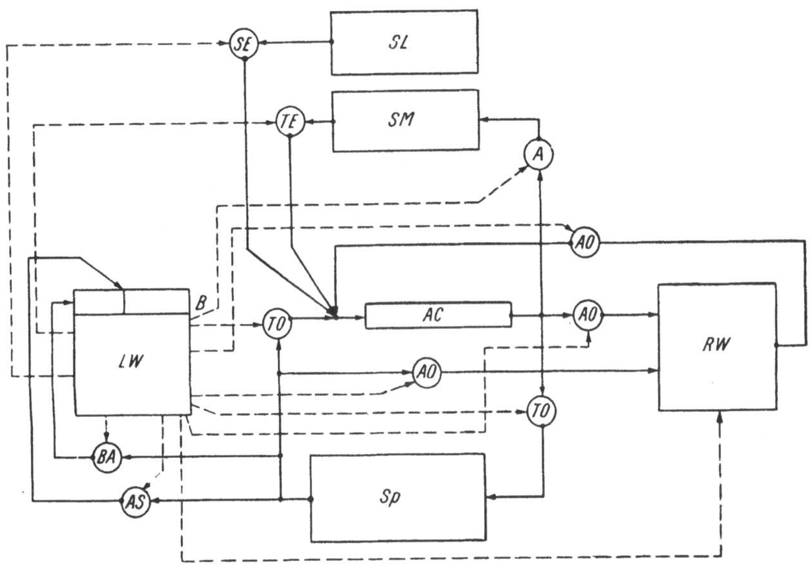

Bild 27. Blockschaltbild des Automaten DKR

Es bedeuten: *A* Ausgabe, *AC* Akkumulator, *AO* arithmetische Operation, *AS* Adressensubstitution, *B* Befehlsregister, *BA* Befehlsaufruf, *LW* Leitwerk, *RW* Rechenwerk, *SE* Streifeneingabe, *SL* Streifenleser, *SM* Schreibmaschine, *Sp* Speicher, *TE* Tastatureingabe. *TO* Transportoperation

3.7. Das Befehlssystem des Automaten DKR

Im Abschn. 3.2.1 lernten wir die Darstellung eines Befehls und dessen Zerlegung in Operations- und Adressenteil kennen. Dort wurde auch gesagt, daß die Zuordnung der einzelnen Ziffern bzw. Zifferngruppen zu bestimmten, vom Rechner auszuführenden Abläufen später zu erklären sei. Wir wenden uns nun jenen bisher offengebliebenen Fragen zu und stellen in diesem Abschnitt alle Befehle zusammen, die der Automat ausführen kann. Dabei wird sowohl der Ablauf beschrieben, als auch der Dezimalziffernschlüssel festgelegt.

Zunächst einige Worte zum Adressenteil. Ihn brauchen wir nicht bei jedem Befehl gesondert zu erwähnen, da seine Bedeutung für alle Befehle die gleiche ist. Über den Dezimalziffernschlüssel des Adressenteils, den *Adressenschlüssel*, wurde schon ausführlich gesprochen. Die ersten (niedrigsten) drei Ziffern kennzeichnen durch die 1000 Kombinationen 000 bis 999 die 1000 Speicherzellen, während die vierte Ziffer eine Adressensubstitution anordnet, falls eine 1 vorliegt, und im Falle 0 die Speicheradresse als endgültig markiert.

Im Mittelpunkt der folgenden Betrachtungen steht der Dezimalziffernschlüssel des Operationsteils eines Befehls, der *Operationsschlüssel*. Er erfaßt die fünfte, sechste und siebente Ziffer des Befehls, wobei die sechste und siebente Ziffer den Hauptteil und die fünfte Ziffer den Zusatzteil bilden (vgl. Bild 21). Es wird vorweggenommen, daß die eine oder andere Ziffer bzw. Zifferngruppe in einem Befehl ohne Bedeutung sein kann, und zwar unabhängig von dem Wert der Ziffern. In diese Stellen denkt man sich in solchen Fällen Nullen eingesetzt.

Addition

Hauptteil 01; der Zusatzteil ist ohne Bedeutung. Die Adresse gibt an, wo der zweite Summand, der Addend, im Speicher zu finden ist. Der erste Summand, der Augend, steht in AC. Der Befehl bewirkt die Addition des Inhaltes der adressierten Speicherzelle zum AC-Inhalt, die Summe gelangt nach AC.

Beispiel 1. In AC stehe die Zahl $+000002138$, im Speicherplatz 089 die Zahl $+003794261$. Der Additionsbefehl 0100089 ergibt nach seiner Ausführung in AC das Resultat $+003796399$. Anmerkung: Hier und im folgenden wird der Übersicht halber bei Zahlen die zehnte Stelle (Vorzeichenstelle) durch das Vorzeichen $+$ bzw. — markiert und nicht durch die Ziffer 0 bzw. 8, wie es der Darstellung in der Maschine entspräche.

Beispiel 2. In AC stehe die Zahl $+043987250$, in der Speicherzelle 349 die Zahl $\cdots$ 0812 und in der Zelle 812 die Zahl -374551086. Der Additionsbefehl 0101349 wird zunächst durch die Adressensubstitution in 0100812 verwandelt und kommt dann zur Ausführung. Die Summe in AC lautet -330563836.

Subtraktion

Hauptteil 02; der Zusatzteil ist ohne Bedeutung. Der Minuend steht in AC, der Subtrahend in der durch die Adresse gekennzeichneten Speicherzelle. Der Befehl bewirkt die Subtraktion des Inhaltes der adressierten Zelle vom AC-Inhalt, die Differenz gelangt nach AC.

Beispiel. In AC stehe die Zahl -000000879, im Speicherplatz 510 die Zahl -000003168. Der Subtraktionsbefehl 0200510 ergibt nach seiner Ausführung in AC das Resultat $+000002289$.

Multiplikation

Hauptteil 03; die Ziffer im Zusatzteil gibt an, wieviel der niedrigsten Stellen im Produkt gestrichen werden. Diese Stellenabstreichung ist mit einer Aufrundung der letzten verbleibenden Ziffer verbunden, wenn die nächstkleinere Ziffer größer oder gleich 5 war. Vor der Operation steht der eine Faktor in AC, der andere in der durch die Adresse gekennzeichneten Speicherzelle. Nach der Multiplikation befindet sich das endgültige Produkt in AC.

Beispiel 1. In AC stehe die Zahl —000034285, im Speicherplatz 953
die Zahl +000000789. Der Multiplikationsbefehl 0300953 erzeugt in AC
das Resultat —027050865, es findet keine Stellenabstreichung statt.

Beispiel 2. In AC stehe die Zahl —000812437, in der Speicherzelle 034
die Zahl ···0128 und in der Zelle 128 die Zahl —004179330. Der Multiplikationsbefehl 0341034 erzeugt in AC nach der Adressensubstitution das
Resultat +339544233. Das vollständige Produkt lautet +3395442327210,
könnte aber wegen Stellenüberschreitung nicht im Akkumulator untergebracht werden. Es müssen vier Stellen gestrichen werden.

Division

Hauptteil 04; die Ziffer im Zusatzteil gibt an, wieviel Stellen im Quotienten
zusätzlich zu berechnen sind. Hierzu muß gesagt werden, daß die Maschine,
wie vereinbart, ohne Komma rechnet und deshalb nur ganzzahlige Quotienten ermittelt (vgl. die folgenden Beispiele). Eine genauere Ausrechnung
des Quotienten kann mit dem Zusatzteil des Divisionsbefehls erzwungen
werden. Die letzte berechnete Quotientenstelle ist gerundet. Vor der
Operation steht der Dividend in AC und der Divisor in der durch die Adresse
gekennzeichneten Speicherzelle. Nach der Division befindet sich der Quotient in AC.

Beispiel 1. In AC stehe die Zahl +000016384, im Speicherplatz 209
die Zahl +000000256. Der Divisionsbefehl 0400209 erzeugt in AC den
Quotienten +000000064. Der Befehl 0430209 würde den Quotienten
+000064000 und der Befehl 0470209 den Quotienten +640000000 ergeben.
Da die Division aufgeht, sind die zusätzlich berechneten Quotientenziffern
natürlich Nullen. Man erkennt auch, daß die Ziffer in der Zusatzstelle des
Befehls eine Stellenüberschreitung hervorrufen kann, im vorliegenden Fall
z. B. 8 oder 9. Darauf muß geachtet werden.

Beispiel 2. In AC stehe die Zahl —002430857, im Speicherplatz 723
die Zahl +000018003. Der Divisionsbefehl 0400723 erzeugt in AC das
Resultat —000000135. Die Befehle 0420723 bzw. 0460723 würden für den
Quotienten die Werte —000013503 bzw. —135025107 ergeben.

Linksverschiebung

Hauptteil 05; die Ziffer im Zusatzteil gibt die Anzahl der Dezimalstellen an,
um die der Inhalt des Akkumulators nach links zu verschieben ist. Der
Adressenteil ist ohne Bedeutung.

Beispiel. Der AC-Inhalt sei —000000375. Diese Zahl wird durch den
Verschiebebefehl 0540000 in —003750000 geändert. Man erkennt, daß
beim Befehl Linksverschiebung die Gefahr einer Stellenüberschreitung
vorhanden ist. Darauf muß beim Programmieren geachtet werden.

Rechtsverschiebung

Hauptteil 06; die Ziffer im Zusatzteil gibt die Anzahl der Dezimalstellen
an, um die der Inhalt des Akkumulators nach rechts zu verschieben ist. Der
Adressenteil ist ohne Bedeutung.

Beispiel. Der AC-Inhalt $+001008024$ hat nach Ausführung der Verschiebeoperation 0610000 die Gestalt $+000100802$. Der Befehl 0640000 liefert das Resultat $+000000101$. Die Rechtsverschiebung hat also stets eine Stellenabstreichung zur Folge, wobei die letzte verbleibende Ziffer gerundet wird.

Tastatureingabe

Hauptteil 07; Zusatz- und Adressenteil des Befehls sind ohne Bedeutung. Dieser Befehl versetzt den Automaten in die Lage, über die Tastatur der Schreibmaschine eingetastete Zahlen in den Akkumulator zu übernehmen. Dabei wartet der Rechner so lange mit dem weiteren Programmablauf, bis durch das Drücken der Taste „Start" die Beendigung des Eingabevorganges bekanntgegeben wird. Das Register AC enthält nach der Eingabe die eingetastete Zahl, der vorherige AC-Inhalt geht verloren.

Beispiel. In AC stehe eine beliebige Zahl. Der Befehl 0700000 bringt am Bedienungsfeld des Automaten das Lämpchen „Eingabebereitschaft" zum Aufleuchten. Nach dem Eintasten von $-387{,}2411$ lautet der neue AC-Inhalt -003872411.

Streifeneingabe

Hauptteil 08; Zusatz- und Adressenteil des Befehls sind ohne Bedeutung Dieser Befehl setzt den Lochstreifenabtaster in Betrieb und steuert die Übernahme der Informationen vom Streifen in den Akkumulator des Automaten. Eine spezielle Lochkombination bewirkt zum Schluß der Eingabe die automatische Startgebung. Zum Vorgang der Streifeneingabe vergleiche man die Ausführungen im Abschn. 3.4.2.

Druck

Hauptteil 09; die Ziffer im Zusatzteil gibt an, wohin das Komma zu schreiben ist (s. auch S. 48). Der Adressenteil hat keine Bedeutung. Die Wirkung des Druckbefehls besteht im automatischen Schreiben des AC-Inhaltes durch die elektrische Schreibmaschine. Dabei wird die einfache Kolonnenschreibweise benutzt (vgl. 3.5). Das negative Vorzeichen kommt hinter der letzten Ziffer zum Abdruck, positive Zahlen werden im Druckbild nicht besonders gekennzeichnet.

Beispiel 1. Der Inhalt von AC sei $+000085239$. Der Druckbefehl 0930000 erzeugt auf dem Formular das Schriftbild $85{,}239$. Die Ziffer im Zusatzteil besagt demnach, wieviel der hinteren Stellen durch das Komma abgetrennt werden.

Beispiel 2. Der Akkumulator enthalte die Zahl -000000057. Die Druckbefehle 0900000 bzw. 0950000 bringen sie in der Form $57-$ bzw. $0{,}00057-$ zum Abdruck.

Stopp

Hauptteil 10; Zusatz- und Adressenteil sind ohne Bedeutung. Der Stoppbefehl unterbricht den automatischen Programmablauf, beispielsweise, wenn eine Rechnung beendet ist.

50

Lesen

Hauptteil **11**; die Ziffer im Zusatzteil hat keine Bedeutung. Die Adresse kennzeichnet eine Speicherzelle, deren Inhalt durch den Lesebefehl in den Akkumulator überführt wird. Dieser Befehl steuert also einen Transportvorgang, wobei der vorherige Inhalt von AC verlorengeht.

Beispiel. AC enthalte eine beliebige Zahl, die Speicherzelle 600 die Zahl —000743100; letztere steht nach Ausführung des Befehls 1100600 in AC.

Speichern

Hauptteil **12**; der Zusatzteil hat keine Bedeutung. Die Adresse markiert eine Speicherzelle, in die der Inhalt des Akkumulators geschrieben wird. Es handelt sich somit um eine weitere Transportoperation. Zu bemerken ist noch, daß nach dem Transport der Akkumulator weiterhin die gespeicherte Zahl enthält (Speichern ohne Löschen von AC).

Beispiel. Die Speicherzelle 591 enthalte eine beliebige Zahl. Steht in AC die Zahl +000391275, so befindet sich nach Ausführung des Befehls 1200591 diese Zahl sowohl in AC als auch in der Zelle 591.

Unbedingter Sprung

Hauptteil **13**; der Zusatzteil hat keine Bedeutung. Im Adressenteil befindet sich die Zieladresse des Sprunges. Die Wirkungsweise des unbedingten Sprungbefehls besteht darin, als nächsten Befehl jenen aufzurufen, der sich in der durch die Zieladresse gekennzeichneten Speicherzelle befindet. Der in 3.2 beschriebene Vorgang des Befehlsaufrufs erfährt also durch den Sprung insofern eine Ergänzung, als die natürliche Reihenfolge im Befehlsaufruf unterbrochen und von einer anderen Stelle (Speicherzelle) aus fortgesetzt werden kann.

Beispiel. Eine Folge von 11 Befehlen sei in den Speicherzellen 263, 264, ..., 273 untergebracht und eine andere Befehlsfolge in den Zellen 507, 508, ..., 629. Das Programm möge mit dem Befehl in Zelle 263 beginnen. Der unbedingte Sprungbefehl 1300507 in der Zelle 273 wirkt als Bindeglied zwischen den zwei Folgen in dem Sinne, daß als nächster Befehl im Programmablauf der in der Zelle 507 befindliche aufgerufen wird.

Bedingter Sprung

Hauptteil **14**; der Zusatzteil hat keine Bedeutung. Dieser Sprungbefehl ermöglicht eine Programmverzweigung. Ist der Inhalt von AC negativ, so wird der Sprung ausgeführt, und zwar nach der durch die Zieladresse markierten Befehlszelle. Hat jedoch AC einen positiven Inhalt, dann erfolgt kein Sprung, die ursprüngliche Befehlsfolge wird fortgesetzt.

Beispiel. In den Speicherzellen 035, 036, ..., 097 befindet sich eine Befehlsfolge, in den Zellen 004, 005, ..., 029 eine zweite. Das Programm möge mit dem Befehl in Zelle 035 beginnen. Steht in der Befehlszelle 073 der bedingte Sprungbefehl 1400004 und ist der AC-Inhalt —000062010, so wird nach dem Sprungbefehl die Instruktion in Zelle 004 aufgerufen und von dort aus die Programmfolge fortgesetzt. Steht jedoch im Akkumulator die Zahl +000000021, dann folgt nach dem Sprungbefehl der Aufruf des Befehls in Zelle 074.

4. Die Programmierung für den DKR

Einen digitalen Rechenautomaten praktisch einzusetzen, das bedeutet in erster Linie, eine vorhandene Aufgabe aufzubereiten, zu *programmieren*, wie wir sagen wollen. Diese Vorbereitungsarbeit erstreckt sich von dem Entstehen eines Problems in dem speziellen Fachgebiet bis zu dem Stadium, da seine rechnerische Lösung vom Rechenautomaten vorgenommen werden kann. Das Programmieren von Aufgaben für einen bestimmten Rechnertyp steht im Mittelpunkt der folgenden Betrachtungen, die sich natürlich auf das Grundsätzliche beschränken müssen. Für weitergehende Informationen, insbesondere, was die automatischen Adressenänderungen und ihre Bedeutung für die zyklische Programmierung und für die Unterprogrammtechnik betrifft, wird auf die Fachliteratur verwiesen [4].

4.1. Allgemeines

4.1.1. *Die Programmherstellung*

Wir stellen uns in diesem Kapitel auf den Standpunkt, ein DKR steht zur Verfügung, ein kleiner elektronischer Digitalrechner also, der die geschilderten 14 Operationen auszuführen imstande ist. Des weiteren liege eine bestimmte Aufgabe vor, die mit Hilfe unseres Automaten gelöst werden soll. Es erhebt sich die Frage, in welcher Art und Weise das Rechenproblem für die Durchrechnung aufbereitet werden muß, damit der Rechner mit seinem Befehlssystem diese Arbeit verrichten kann. Die Antwort läßt sich so formulieren: Das gesamte durchzurechnende Problem ist derart in eine Folge von Anweisungen aufzugliedern, daß jede Anweisung durch einen Maschinenbefehl verwirklicht werden kann. Nur so wird nämlich der Automat in die Lage versetzt, die Rechnung auszuführen.

Als Ergebnis der Aufteilung in Anweisungen entsteht ein *Programm* für die Tätigkeit der Maschine, eine Liste von Maschinenbefehlen, die jeden einzelnen Schritt der Rechnung enthält. Den gesamten Prozeß der Aufbereitung einer Aufgabe bezeichnen wir schlechthin mit „Programmierung“. Wir werden später erkennen, daß die einzelnen Etappen des Programmierens in zwei Gruppen zusammenzufassen sind, von denen die erste keinen Bezug auf einen bestimmten Automaten nimmt, während die zweite das Vorhandensein einer speziellen Maschine voraussetzt.

Das Ziel der Programmherstellung ist erreicht, wenn die der schrittweisen Durchrechnung der Aufgabe entsprechende Folge von Maschinenbefehlen auf dem Papier vorliegt. In unserem Fall besteht also die Befehlsliste aus einer Reihe von siebenstelligen Dezimalzahlen, von denen jede eine der Maschine verständliche Anweisung darstellt.

4.1.2. *Die Programmerprobung*

Es liegt in der Natur der Sache, daß die Zergliederung eines Rechenproblems in einzelne Schritte selten fehlerfrei vonstatten geht, zumal, wenn es sich um längere und kompliziertere Rechnungen handelt. Deshalb ist jedes fertiggestellte Programm unbedingt zu prüfen, bevor es für die Verwendung freigegeben wird.

Die Erprobung kann im einzelnen so vorgenommen werden, daß man zunächst das Programm in den Automaten eingibt und danach für spezielle Zahlenwerte, die zu einem bekannten Resultat führen, die Rechnung ablaufen läßt. Selbstverständlich erlaubt das richtige Prüfresultat noch keine allgemeingültige Schlußfolgerung, daß das Programm fehlerfrei ist. Aber wenn für mehrere solcher Rechnungen, jeweils mit anderen Zahlenwerten, der Test positiv ausfällt, dann ist mit großer Wahrscheinlichkeit das Problem richtig programmiert worden. Es muß nur dafür gesorgt werden, daß die Prüfung sämtliche Zweige des Programms umfaßt.

Treten im Verlauf der Prüfrechnung Unstimmigkeiten auf oder ist das Resultat falsch, dann erweist es sich als sehr vorteilhaft, ein Programm schrittweise so abzuarbeiten, daß jede Operation erst nach einem Tastendruck ausgelöst wird. Der Prüfer ist dann mit Hilfe einer optischen Anzeige der Inhalte des Akkumulators, des Befehlsregisters und des Befehlszählers in der Lage, interessierende Zwischenwerte in Ruhe zu kontrollieren und danach erst den nächsten Befehlsschritt zu veranlassen. Auf diese Weise findet man verhältnismäßig schnell die fehlerhaften Stellen im Programm. Übrigens läßt sich die Fähigkeit eines Automaten, nach jeder Operation mit der Ausführung der nächsten Instruktion auf ein Signal von der Bedienungskraft zu warten, auch erfolgreich für die Suche von Störungen im Rechner selbst ausnutzen.

4.1.3. *Die Programmspeicherung*

Das fertiggestellte und gegebenenfalls korrigierte Maschinenprogramm eines bestimmten Aufgabentyps ist nunmehr in einer Programmsammlung aufzubewahren. Die einmal in dieser Sammlung vorhandenen Maschinenprogramme stehen dann stets zur Verfügung und können bei Bedarf in den Automaten eingegeben werden. Man wird bemüht sein, den Eingabevorgang möglichst schnell abzuwickeln (die Rüstzeit des Automaten möglichst klein zu halten), und aus diesem Grunde eine geeignete Aufbewahrungsform für die Programme zu wählen.

Durch den Anschluß eines Lochstreifenlesers ist es möglich, die Programme auf Lochstreifen zu speichern und die Programmeingabe dem Streifenleser zu überlassen. Das Lochen des Programmstreifens erfolgt zweckmäßig über eine Schreibmaschine mit angeschlossenem Streifenlocher, der den Anschlag einer Zifferntype als Signal dafür auffaßt, die der Ziffer entsprechende Lochkombination in den Streifen zu stanzen. Auf diese Weise geht das Lochen des Streifens parallel zum Schreiben der verschlüsselten Befehlsfolge auf ein Formular vor sich.

Rechenanlagen mit einer großen Speicherkapazität, sie sind dann in der Regel nicht mehr als Kleinrechner zu bezeichnen, ermöglichen den Aufbau einer Sammlung häufig gebrauchter Programme im Speicher des Automaten selbst. Die Zeit für den Aufruf eines dieser Programme ist natürlich sehr gering, da der Eingabevorgang entfällt.

4.2. Die Methode des Programmierens

4.2.1. *Die Formulierung einer Aufgabe*

Es liege ein Problem aus der Wissenschaft, der Technik oder aus der
Wirtschaft vor, und wir setzen voraus, daß es sich durch eine mathematische Aufgabe darstellen läßt. Ein solches Problem erwächst meist aus
praktischen Erfordernissen, seine Lösung ist oftmals von großer Wichtig-
keit für den Wissenschaftler, den Techniker oder den Ökonomen. Neben
der Richtigkeit der Rechenergebnisse spielt nicht selten die Kürze der
Rechenzeit eine erhebliche Rolle, und hier sind es gerade die schnellen,
modernen elektronischen Rechenautomaten, die der Volkswirtschaft einen
großen Nutzen bringen.

Der erste Schritt in der Richtung, dem Automaten die Lösung einer
Aufgabe zu übertragen, besteht darin, diese Aufgabe mathematisch zu
formulieren, durch eine ,,Formel`` auszudrücken. Das kann beträchtliche
Schwierigkeiten bereiten, der eine oder andere Leser wird das bestätigen,
wenn er an den Mathematikunterricht der Schule denkt und daran, wie
mühsam manchmal eine Textaufgabe zu bewältigen ist. Die mathematische
Formulierung eines Problems erfordert neben umfangreichem Fachwissen
oftmals weitgehende mathematische Kenntnisse und Fähigkeiten. Mitunter führt eine Aufgabe auf eine ganze Formelgruppe, und zuweilen sind
auch zusätzliche Bedingungen (Nebenbedingungen) zu berücksichtigen.
Der Begriff ,,Formel`` muß also sehr weitgehend aufgefaßt werden.

4.2.2. *Die Wahl eines Rechenverfahrens*

Tritt in der aufgestellten Formel beispielsweise eine Rechengröße auf,
deren Sinus oder deren Quadratwurzel zu ermitteln ist, dann hat man sich
zu überlegen, wie der Rechenautomat diese Berechnung ausführen kann.
Im allgemeinen ist er gezwungen, mit den vier Grundrechnungsarten aus-
zukommen. Der Programmierer muß demnach für die Auswertung der
komplizierteren Funktionen, wie Sinus, Quadratwurzel u. dgl., ein Rechenverfahren ausfindig machen, das lediglich die arithmetischen Operationen
Addition, Subtraktion, Multiplikation und Division benutzt. Es ist Aufgabe des praktischen Mathematikers, solche Verfahren auszuarbeiten.

Wir betrachten ein einfaches Beispiel. Um von einer gegebenen Zahl x
den Sinus zu berechnen, kann man eine Potenzreihe der Form

$$a_1 x + a_3 x^3 + a_5 x^5 + \ldots + a_n x^n$$

verwenden, die mit geeigneten Zahlenwerten für die Koeffizienten a_i und
den größten Exponenten n den gesuchten Funktionswert hinreichend
genau liefert:

$$a_1 x + a_3 x^3 + a_5 x^5 + \ldots + a_n x^n \Longrightarrow \sin x .$$

In der Tat genügen für die Ausrechnung die vier Grundrechnungsarten.

4.2.3. *Die Anfertigung eines Strukturdiagramms*

Wenn die mathematisch formulierte Aufgabe und die benötigten Rechenverfahren zur Verfügung stehen, stellt man zweckmäßig einen Übersichts-
plan für den Ablauf der Rechnung auf. Einen solchen Plan nennt man

Struktur-, Fluß- oder Ablaufdiagramm, da in ihm die zeitliche Reihenfolge der einzelnen Teilrechnungen zum Ausdruck kommt. Je nach der Länge und der Kompliziertheit der Aufgabe ist das Strukturdiagramm vom Programmierer mehr oder weniger ausführlich zu gestalten. Ein Beispiel möge das Gesagte etwas erläutern.

Wir stellen uns die Aufgabe, die dritten Potenzen der Zahlen 1, 2, ..., 99, 100 zu bilden und deren Summe S zu berechnen:

$$1^3 + 2^3 + 3^3 + \ldots + 99^3 + 100^3 \Longrightarrow S \,.$$

Der Ablauf der Rechnung kann durch das Strukturdiagramm in Bild 28 gekennzeichnet werden. Die Buchstaben A bzw. E mögen für Anfang bzw. Ende der Rechnung stehen. Der Block $1 \Longrightarrow i$ legt fest, die Rechnung mit

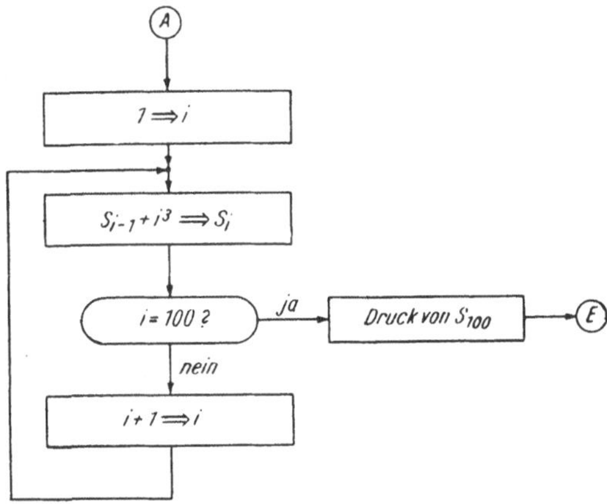

Bild 28

$i = 1$ zu beginnen. Der Block $S_{i-1} + i^3 \Longrightarrow S_i$ stellt die eigentliche Berechnung der dritten Potenzen und ihre anschließende Addition dar. Dabei ist $S_0 = 0$ zu benutzen, S_{100} erweist sich als das Resultat S. Der Entscheidungsblock $i = 100$? gibt die Weiche an; je nach der Antwort auf die gestellte Frage erfolgt von hier aus der Druck des Resultats $S_{100} = S$ (Zweig „ja") oder die Erhöhung der Rechengröße i um 1 (Zweig „nein") und im Anschluß daran die Wiederholung der Rechnung.

Das Ablaufdiagramm nimmt keinen Bezug auf die Eigenheiten eines bestimmten Rechenautomaten; es soll lediglich den Rechenablauf veranschaulichen. Wir stellen somit folgendes fest: Die Arbeit des Programmierens von der mathematischen Formulierung der Aufgabe über die Wahl der Rechenverfahren bis hin zur Aufstellung des Strukturdiagramms geht unabhängig von einem speziellen Rechnertyp vor sich, braucht also für sämtliche Rechenanlagen nur einmal geleistet zu werden. Erst wenn es darum geht, die einzelnen Blöcke im Ablaufdiagramm weiter zu zerlegen, muß man sich nunmehr auf eine spezielle Maschine beziehen (s. Abschn. 4.2.4).

Abschließend sei besonders hervorgehoben, wie wichtig ein hinreichend ausführliches Strukturdiagramm für die weitere Arbeit des Programmierers ist. Er kommt damit erfahrungsgemäß schneller zu einem fehlerfreien Maschinenprogramm, dem eigentlichen Ziel seiner Tätigkeit.

4.2.4. *Die Aufstellung der Befehlsfolge*

Wir behandeln jetzt das letzte Stadium im Gesamtprozeß der Zerlegung einer Aufgabe. Es geht dabei um die Darstellung der einzelnen Schritte der Rechnung durch eine Folge von Maschinenbefehlen, die der DKR ausführen kann und die in ihrer Gesamtheit auch die Lösung der Aufgabe herbeiführen.

In der aufzustellenden Befehlsfolge kommt neben den Operationen auch die Adressenzuweisung, d. h. die Arbeit mit dem Speicher, zum Ausdruck. Des weiteren muß auf die Stellung des Rechenkommas und auf die Größenordnung der beteiligten Zahlen Rücksicht genommen werden. Sowohl die Kommabehandlung als auch die Adressenzuordnung stellen Faktoren dar, die die Arbeit des Programmierens in diesem Stadium zwar erschweren, die aber durchaus auch bei schwierigeren Aufgaben zu beherrschen sind.

Um eine Befehlsfolge übersichtlich aufzustellen, trennt man zweckmäßig in jedem Befehl den Operationsteil vom Adressenteil. Dem ersteren werden wie folgt kurze Symbole zugeordnet:

Addition	$+$	Streifeneingabe	B
Subtraktion	$-$	Druck	n D
Multiplikation	n ×	Stopp	H
Division	n :	Lesen	L
Linksversch.	n l	Speichern	S
Rechtsversch.	n r	Sprung unbedingt	Su
Tastatureingabe	T	Sprung bedingt	Sb

Nur da, wo die Zusatzziffer n im Operationsteil eine Bedeutung hat, wird sie vor das Operationssymbol gesetzt. Man vergleiche dazu die Ausführungen über das Befehlssystem von DKR im Abschn. 3.7.

Die Adresse wird rechts neben das Operationssymbol als dreistellige Dezimalzahl geschrieben, und zwar nur dann, wenn sie eine Bedeutung in dem entsprechenden Befehl besitzt.

Die eingeführte symbolische Darstellung der Maschinenbefehle gestattet einen wesentlich besseren Überblick bei der Aufstellung der Befehlsfolge, als wenn man jeden Befehl sofort voll, d. h. als siebenstellige Dezimalzahl, verschlüsselt.

Es sollen nun einige Beispiele ausführlich behandelt werden.

Beispiel 1. a, b, c und d seien ganze Zahlen, die sich in den Speicherzellen 073, 074, 075 und 076 befinden. Wir schreiben symbolisch $\langle 073 \rangle = a$, $\langle 074 \rangle = b$, $\langle 075 \rangle = c$, $\langle 076 \rangle = d$. Das Symbol $\langle \cdots \rangle$ bedeutet dabei „Inhalt von $\cdots$". Insbesondere ist $\langle AC \rangle$ eine Kurzbezeichnung für den Inhalt des Akkumulators. Die genannten Zahlen mögen so beschaffen sein, daß $(a + b) c + d \Longrightarrow e$ keinen Überlauf in AC hervorruft. Die Größe e sei zu berechnen und in der Speicherzelle 322 unterzubringen. Das ergibt die nachstehende Befehlsfolge.

Befehl	Bemerkung
L 073	$\langle AC \rangle = a$
+ 074	„ $= a + b$
0 × 075	„ $= (a + b) c$
+ 076	„ $= e$
S 322	Speichern von e

Es sind also fünf Instruktionen notwendig, um diese kleine Aufgabe zu bewältigen. Rechts neben der Befehlsfolge sind einige Vermerke angebracht. Dem Leser ist es überlassen, einmal mit konkreten Zahlen für a, b, c und d den Gang der Rechnung zu verfolgen.

Beispiel 2. a und b mögen jetzt drei Stellen, c und d dagegen vier Stellen hinter dem Dezimalkomma besitzen. Die Speicherverteilung werde von Beispiel 1 übernommen. Wiederum ist $(a + b) c + d \Longrightarrow e$ zu bilden, jedoch das Resultat mit vier Stellen hinter dem Komma zu drucken.

Befehl	Bemerkung
L 073	
+ 074	
3 × 075	
+ 076	$\langle AC \rangle = e$
4 D	Druck von e

Die Multiplikation $(a + b) c$ ergibt mit der Abstreichung von drei Stellen ein Produkt mit vier Stellen hinter dem Komma, wozu dann sofort d addiert werden kann.

Beispiel 3. a, b, c und d seien ganze Zahlen und in den Speicherzellen nach Beispiel 1 untergebracht. Es soll

$$(a^2 + b^2) : (c + d) \Longrightarrow e$$

auf fünf Stellen hinter dem Komma berechnet, in Zelle 215 gespeichert und außerdem gedruckt werden.

Befehl	Bemerkung
L 075	$\langle AC \rangle = c$
+ 076	„ $= c + d$
S 076	Speichern von $c + d$
L 073	$\langle AC \rangle = a$
0 × 073	„ $= a^2$

Befehl	Bemerkung
S 073	Speichern von a^2
L 074	$\langle AC \rangle = b$
0 × 074	„ $= b^2$
+ 073	„ $= a^2 + b^2$
5 : 076	„ $= e$
S 215	Speichern von e
5 D	Druck von e

Würde man erst den Zähler $a^2 + b^2$, dann den Nenner $c + d$ berechnen,
so müßte man einmal mehr zwischenspeichern und eine längere Befehlsfolge in Kauf nehmen. Weiterhin ist zu bemerken, daß die Zwischenresul-
tate $c + d$ und a^2 in den Zellen von d und a gespeichert werden. Das ist
natürlich nur zulässig, wenn d und a später nicht mehr gebraucht werden;
andernfalls sind für die Zwischenspeicherung andere Speicherzellen zu
benutzen.

4.2.5. *Die Verschlüsselung der Befehlsfolge*

Liegt die programmierte Befehlsfolge vor, dann ist die Programmierungsarbeit abgeschlossen. Die im Programm vorkommenden Symbole sind
lediglich noch in die Sprache der Maschine umzusetzen, zu verschlüsseln,
wie wir sagen wollen. Auf unsere Verhältnisse übertragen bedeutet das,
für die eingeführten Operationssymbole die ihnen entsprechenden Dezimalziffern einzusetzen. Erst dann stellt die Befehlsfolge, die Folge aus siebenstelligen Dezimalzahlen, das endgültige Maschinenprogramm dar; es wird
geprüft, aufbewahrt und nach Bedarf in den Automaten eingegeben.

Zum Schluß sei der Vorgang der Verschlüsselung (Codierung) am Beispiel 3 des vorigen Abschnittes demonstriert.

Befehl	Verschlüsselt
L 075	1100075
+ 076	0100076
S 076	1200076
L 073	1100073
0 × 073	0300073
S 073	1200073
L 074	1100074
0 × 074	0300074
+ 073	0100073
5 : 076	0450076
S 215	1200215
5 D	0950000

4.3. Programmierungsbeispiele

Im Abschn. 4.2 wurde dargelegt, welche Methode anzuwenden ist,
um von einer vorliegenden Aufgabe zum speziellen Maschinenprogramm
zu kommen. Die angestellten Überlegungen waren insofern recht allgemein
gehalten, als es Probleme gibt, bei deren Programmierung durchaus eine
oder mehrere Etappen übersprungen werden können. So entfällt z. B. die
Wahl eines Rechenverfahrens bei den Aufgaben, die von vornherein nur
die vier Grundrechnungsarten erfordern, und bei sehr kurzen und einfachen
Problemstellungen wird man beispielsweise auf die Aufstellung eines Ab-
laufdiagramms verzichten können. Die Entscheidung, was gemacht werden muß und was überflüssig ist, wird von Fall zu Fall zu treffen sein; sie
hängt sehr von der Struktur der Aufgabe und von der Erfahrung des Programmierers ab.

Wir wollen im folgenden zwei kleine Aufgaben für unseren DKR programmieren.

Aufgabe 1

Formulierung der Aufgabe. In den Speicherzellen 201, 202 und 203
mögen die Zahlen x, y und z gespeichert sein. Mit ihnen ist der Ausdruck

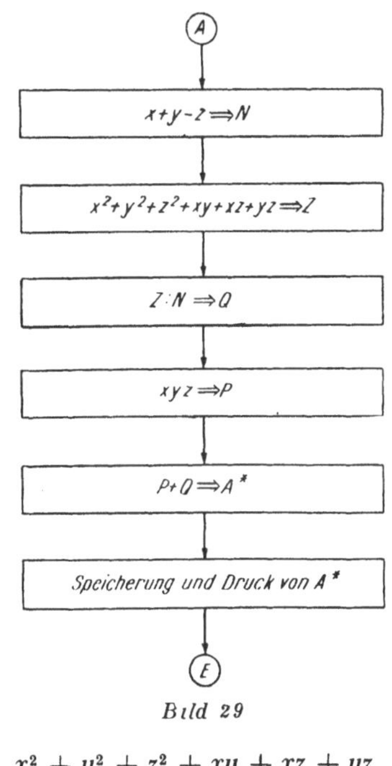

Bild 29

$$A^* = \frac{x^2 + y^2 + z^2 + xy + xz + yz}{x + y - z} + xyz$$

zu bilden, in Zelle 200 zu speichern und abzudrucken. Die Werte x, y und z
sind mit einer Stelle vor und fünf Stellen hinter dem Komma gegeben. A^*

Befehls-zelle	Befehlsfolge		⟨AC⟩ für das Zahlenbeispiel
	symbolisch	verschlüsselt	
800	L 201	1100201	$+0007{,}43218 = x$
1	+ 202	0100202	$+0002{,}54846 = x + y$
2	— 203	0200203	$-0007{,}43268 = N$
3	S 204	1200204	
4	+ 203	0100203	$+0002{,}54846 = x + y$
5	5 × 201	0350201	$+0018{,}94061 = (x + y)\,x$
6	S 200	1200200	
7	L 202	1100202	$-0004{,}88372 = y$
8	+ 203	0100203	$+0005{,}09742 = y + z$
9	5 × 202	0350202	$-0024{,}89437 = (y + z)\,y$
810	+ 200	0100200	$-0005{,}95376 = (x + y)\,x$ $+ (y + z)\,y$
1	S 200	1200200	
2	L 203	1100203	$+0009{,}98114 = z$
3	+ 201	0100201	$+0017{,}41332 = z + x$
4	5 × 203	0350203	$+0173{,}80478 = (z + x)\,z$
5	+ 200	0100200	$+0167{,}85102 = Z$
6	5 : 204	0450204	$-0022{.}58284 = Q$
7	S 204	1200204	
8	L 201	1100201	$+0007{,}43218 = x$
9	5 × 202	0350202	$-0036{,}29669 = xy$
820	5 × 203	0350203	$-0362{,}28234 = P$
1	+ 204	0100204	$-0384{,}86518 = A^{*}$
2	S 200	1200200	
3	2 r	0620000	$-000384{,}865 = A^{*}$
4	3 D	0930000	
5	H	1000000	

soll mit fünf Stellen hinter dem Komma berechnet, jedoch nur mit drei Stellen hinter dem Komma gedruckt werden.

Ablaufdiagramm. Im Ausdruck A^{*} wird zur Abkürzung der Zähler mit Z, der Nenner mit N, der Quotient mit Q und das Produkt xyz mit P bezeichnet. Bild 29 gibt das Strukturdiagramm wieder.

Befehlsfolge. Das Programm wird ab Zelle 800 gespeichert. Zelle 204 dient als Hilfszelle zur Speicherung von N. Der Zähler Z wird in der abgeänderten Form

$$(x + y)\, x + (y + z)\, y + (z + x)\, z \Longrightarrow Z$$

berechnet, da hierzu weniger Befehle erforderlich sind.

Wir verfolgen die Rechnung an einem speziellen Beispiel mit $x = 7,43218$ $y = -4,88372$ und $z = 9,98114$ und ergänzen in einer besonderen Spalte in Tafel 1 die Befehlsfolge durch den Akkumulatorinhalt $\langle AC \rangle$, wie er sich nach Ausführung des links stehenden Befehls ergibt. Das Komma markieren wir uns zwar, halten uns aber immer vor Augen, daß es für den Automaten nicht existiert. In Tafel 1 ist das Programm zusammenfassend dargestellt.

Aufgabe 2

Aufgabenstellung. Eine Gleichspannungsquelle E, ein Widerstand R und ein Kondensator C mögen in Reihenschaltung einen Stromkreis bilden (Bild 30), der vorerst durch einen Schalter S geöffnet ist. Zum Zeitpunkt

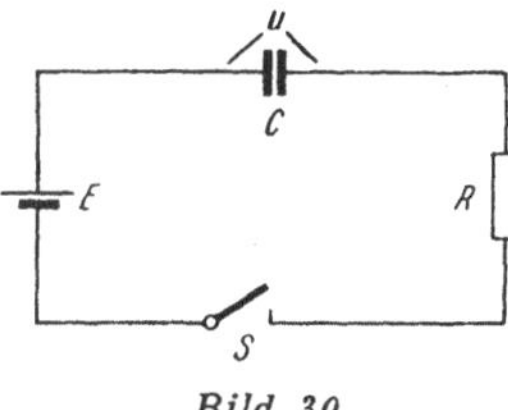

Bild 30

$t = 0$ werde der Schalter geschlossen. Die Größe t_h soll die Zeit bezeichnen, in der die über dem Kondensator liegende Spannung U den halben Wert der Gleichspannung E erreicht. Gefragt ist nach der Dimensionierung des Widerstandes R, wenn t_h und die Kapazität C vorgegeben werden.

Formulierung der Aufgabe. Ein Spannungstheorem (Maschensatz) ergibt für die Kondensatorspannung U eine lineare inhomogene Differentialgleichung 1. Ordnung mit der Anfangsbedingung $U = 0$ zur Zeit $t = 0$. Ihre Lösung lautet in Abhängigkeit von der Zeit

$$U(t) = E\,(1 - \mathrm{e}^{-t/CR})\,.$$

Die Forderung $U(t_h) = E/2$ führt auf die Beziehung

$$E/2 = E\,(1 - \mathrm{e}^{-t_h/CR})\,,$$

die Bestimmungsgleichung für t_h, aus der durch einfache Umrechnung $t_h = CR \ln 2$ folgt. Wir schreiben diese Beziehung in der Form

$$R = \frac{t_h}{C \ln 2}$$

und haben damit den gesuchten Zusammenhang zwischen R einerseits und C sowie t_h andererseits.

Ablaufdiagramm. Bild 31 zeigt den Ablauf der Rechnung. Die Veränderliche t_h wird in der Einheit μs (Mikrosekunde) angegeben und läuft von 1 bis 10 mit der Schrittweite $\Delta t = 1$. Die Veränderliche C erhält die Einheit nF (Nanofarad $= 10^{-9}$ Farad) und erfaßt den Bereich 0,1 bis 1 mit der Schrittweite $\Delta C = 0,1$. Für jede Kombination von $t_h = 1, 2, \ldots,$

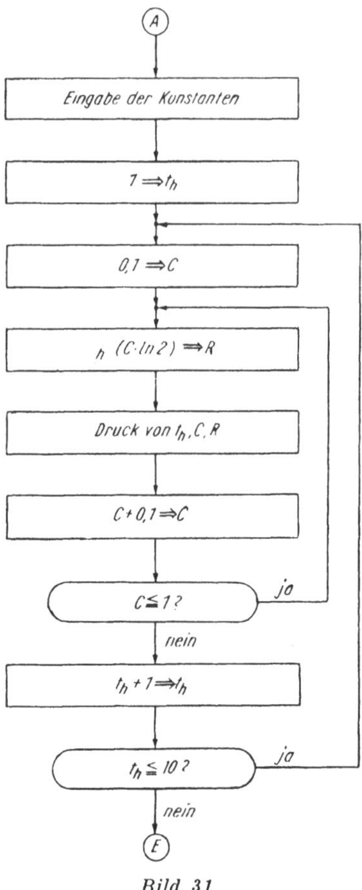

Bild 31

9, 10 und $C = 0,1, 0,2, \ldots, 0,9, 1$ ist der Widerstandswert R zu ermitteln, dessen Zahlenwert sich auf die Einheit $k\Omega$ (Kiloohm) bezieht. Die zusammengehörenden 100 Wertetripel t_h, C, R werden abgedruckt.

Befehlsfolge. Die Speicherzellen 151, 152 und 153 nehmen die Konstanten 1, 10 und $1/\ln 2 = 1{,}442695$ auf. Die Veränderlichen t_h, C und R sind unter den Adressen 154, 155 und 156 erreichbar. Die Befehlsfolge wird ab Zelle 500 gespeichert. Tafel 2 gibt das vollständige Maschinenprogramm wieder. Das Resultat R wird auf zwei Stellen hinter dem Komma, also auf

Tafel 2

Befehls-zelle	Befehlsfolge		Bemerkungen
	symbolisch	verschlüsselt	
500	T	0700000	Eingabe von $1/\ln 2$
1	S 153	1200153	Speicherung von $1/\ln 2$
2	T	0700000	Eingabe einer 1
3	S 151	1200151	Speicherung von 1
4	S 154	1200154	Anfangswert 1 für t_h
5	1 1	0510000	$< AC > = 10$
6	S 152	1200152	Speicherung von 10
7	L 151	1100151	
8	S 155	1200155	Anfangswert 0,1 für C
9	L 154	1100154	$< AC > = t_h$
510	4 : 155	0440155	$< AC > = t_h/C$
1	7 $\times$ 153	0370153	$< AC > = R$
2	S 156	1200156	Speicherung von R
3	L 154	1100154	
4	0 D	0900000	Druck von t_h
5	L 155	1100155	
6	1 D	0910000	Druck von C
7	L 156	1100156	
8	2 D	0920000	Druck von R
9	L 155	1100155	
520	+ 151	0100151	
1	S 155	1200155	Erhöhung von C um 0,1
2	L 152	1100152	
3	— 155	0200155	
4	Sb 526	1400526	Frage: $C \leqq 1$?
5	Su 509	1300509	
6	L 154	1100154	
7	+ 151	0100151	
8	S 154	1200154	Erhöhung von t_h um 1
9	L 152	1100152	
530	— 154	0200154	
1	Sb 533	1400533	Frage: $t_h \leqq 10$?
2	Su 507	1300507	
3	H	1000000	Ende der Rechnung.

$10\,\Omega$ genau. ausgerechnet. Der interessierte Leser möge sich bei den auftretenden Anfangs- und Zwischenwerten überlegen, wo das Rechenkomma als gedachtes Komma zu stehen hat.

Wir vermerken zum Abschluß noch einmal die wichtigsten Punkte, die bei der Aufstellung einer Befehlsfolge zu beachten sind.

1. Allen auftretenden Zahlen, sofern sie während des Programmablaufs gespeichert werden müssen, sind Adressen zuzuordnen, unter denen die entsprechenden Speicherzellen gefunden werden können. Es ist darauf zu achten, daß unerlaubte Mehrfachbelegungen von Zellen nicht vorkommen. Aufgaben, die die zur Verfügung stehende Speicherkapazität bis an ihre Grenze beanspruchen, zwingen mitunter zur ökonomischen Ausnutzung der vorhandenen Speicherplätze.

2. Für die Befehlsfolge, die den Ablauf der Rechnung festlegt, sind im Speicher entsprechend viele Zellen zu reservieren. Sind die Adressen dieser Befehlszellen bekannt, dann können die Zieladressen in Sprungbefehlen zahlenmäßig eingesetzt werden.

3. Die Größenbereiche der beteiligten Zahlen sind abzuschätzen und die Kommabewegung zu überwachen. In dieses Aufgabengebiet fallen dann spezielle Überlegungen, wie Vermeidung von Überläufen in AC und Genauigkeit von Zwischen- und Endresultaten.

5. Einsatz und Bedienung digitaler Kleinrechner

Im vergangenen Jahrzehnt sind in einigen europäischen Ländern und in den USA mehrere digitale Kleinrechner entwickelt und produziert worden, deren Einsatz im kaufmännischen und im wissenschaftlich-technischen Bereich sowie auf dem Gebiet der Automatisierung technischer Prozesse umfangreiche Erfahrungen vermittelte, die wohl eindrucksvoll bestätigt haben, daß sich Kleinrechner durchaus ihre spezifischen Einsatzgebiete erschließen. Um Fehlinvestitionen zu vermeiden, muß nur darauf geachtet werden, daß ihre Leistungsfähigkeit in sinnvoller Beziehung zu den Anforderungen steht. Im Hinblick auf Mittel- und Großrechner und bezogen auf den Gesamteinsatz der digitalen Rechentechnik dürfte erwiesen sein, daß es kein Entweder-Oder, sondern nur ein Sowohl-Als-Auch gibt.

5.1. Betrachtungen zur Wirtschaftlichkeit

Der beabsichtigte Einsatz einer elektronischen Rechenanlage wird im allgemeinen eine Reihe von Fragen aufwerfen, die sehr sorgfältig geprüft und beantwortet werden müssen. Es sind z. B. Vorbereitungen zu treffen im Hinblick darauf, wo der Rechner zu stehen hat (Raumfrage), wie die mitunter beträchtliche Wärme abzuleiten ist (Kühlungsproblem) und von wem die Anlage gewartet und bedient wird (Personalfrage). Die wichtigste Überlegung aber wird ökonomischer Art sein: In welchem Verhältnis stehen die aufgewendeten Gesamtkosten zu der Leistungsfähigkeit des Automaten, zu dem Wert der ausgeführten Rechnungen schlechthin? Dabei kann dieser Wert nicht nur in Geld, er muß wohl auch durch die gewonnene Zeit ausgedrückt werden. Die Frage nach dem Verhältnis von Kostenaufwand zur Leistungsfähigkeit, die wir durchaus als die Frage nach der Wirtschaftlichkeit des Einsatzes einer elektronischen Rechenanlage ansehen können, ist keineswegs leicht zu beantworten, und wir wollen in diesem Zusammenhang nur bemerken, daß die Wahl des Rechnertyps im Hinblick auf die auszuführenden Arbeiten besonders wichtig ist. Es muß entschieden werden, ob man eine kleine, eine mittlere oder eine große Anlage einsetzen will.

Wir betrachten im folgenden einige Vorteile, die sich bei der Benutzung eines Kleinrechners ergeben.

1. Eine direkte Verbindung von Rechenanlage und Außenwelt (Bedienung) über die Ein- und Ausgabegeräte wird erfahrungsgemäß vor allem in den Kreisen der Techniker als angenehm empfunden. Kleinere Maschinen bieten meist diesen Vorteil, da die Schreibmaschine sowohl für die Eingabe als auch für die Ausgabe Verwendung findet und ihre Arbeitsweise dem Benutzer eines Automaten vertrauter ist als beispielsweise die der Lochkartengeräte und der Zeilendrucker.

2. Der Aufbau und die Organisation der Maschine sowie das Befehlssystem sind im allgemeinen leichter zu verstehen als bei großen Anlagen.

Demzufolge kann die Wartung und Bedienung in kürzerer Zeit erlernt und von weniger qualifizierten Kräften vorgenommen werden. Dasselbe gilt für die Programmierung.

3. Der Platzbedarf eines Kleinrechenautomaten ist gering, die Stromversorgung und die Kühlung erfordern keine baulichen Vorbereitungen beim Benutzer. Die elektrische Leistungsaufnahme liegt, vor allem bei Transistorgeräten, sehr niedrig und verursacht dadurch geringe Betriebskosten der Anlage. Es kommt als weiterer Vorteil der verhältnismäßig niedrige Preis hinzu.

Diese und andere Vorzüge der kleinen Digitalrechner gegenüber den mittleren und großen Anlagen können natürlich nur ins Feld geführt werden, wenn die Leistungsfähigkeit der kleinen Maschine, gegebenenfalls die mehrerer Anlagen, ausreicht. Ist das nicht der Fall, dann wird sich der Käufer von vornherein für einen größeren Automaten entscheiden und den damit verbundenen höheren Kostenaufwand in Kauf nehmen.

5.2. Einsatzgebiete kleiner Digitalrechner

In Frage kommt einmal der selbständige Einsatz in der Technik, der Wirtschaft und der Wissenschaft zur Durchrechnung sehr vielgestaltiger Probleme, zum anderen aber auch die Zusammenarbeit mit einer größeren Rechenanlage zur Vorbereitung und Nachbehandlung von Arbeiten, die die große Maschine ausführt. Wir fassen die Vielfalt der Anwendungsmöglichkeiten kleiner Digitalrechner in vier Gruppen zusammen.

5.2.1. *Der Einsatz in Wissenschaft und Technik*

Die Anforderungen in rechentechnischer Hinsicht an den in der Praxis stehenden Ingenieur, Wissenschaftler und Mathematiker steigen in unserer Zeit ständig, und der moderne Fachmann kann ihnen nur gerecht werden, wenn er über entsprechend moderne Arbeitsmittel verfügt. Als ein solches Arbeitsmittel müssen wir heute den Ziffernrechenautomaten ansehen. Ob nun beispielsweise der Techniker ein optisches Linsensystem durchrechnen, der Wissenschaftler eine statistische Berechnung vornehmen oder der Mathematiker eine Differentialgleichung lösen will, stets werden es die betreffenden Personen als vorteilhaft ansehen, wenn sie bei Bedarf schnell an den Elektronenrechner „herankommen", einen unmittelbaren Kontakt mit der Maschine besitzen und gegebenenfalls in den Ablauf der Rechnung eingreifen können. Der Kleinrechner bietet diese Vorteile in weit höherem Maße als eine Großanlage.

5.2.2. *Der Einsatz in Wirtschaft und Verwaltung*

Es gibt heute ohne Zweifel in den staatlichen und genossenschaftlichen Verwaltungen buchhalterische Aufgaben und Abrechnungsprobleme, die in bezug auf die Anzahl der beteiligten Zahlen und die notwendigen Rechenoperationen höhere Anforderungen stellen, denen die herkömmlichen Buchungs- und Fakturiermaschinen nicht mehr gerecht werden. Wenn diese Aufgaben häufig vorkommen, dann liegt eine Automatisierung der Abrechnungsvorgänge mit Hilfe einer elektronischen Kleinrechenanlage nahe, ohne zunächst an der rein kaufmännischen Organisation der

Abrechnung zu rütteln. Der Rechenautomat muß nur äußerst zuverlässig arbeiten, und das Ein- und Ausgabegerät möchte eine den jeweiligen Bedürfnissen entsprechende Formulargestaltung ermöglichen. Hinzu kommen noch Forderungen, die den Bedienungskomfort betreffen. Die Anschaffungskosten sollen natürlich sehr gering sein.

Im allgemeinen läßt sich sagen, daß im kommerziellen Einsatz der Rechenautomat ein- und ausgabeseitig weitaus höher beansprucht wird als bei der Verwendung für wissenschaftlich-technische Rechnungen, wohingegen die eigentliche Fähigkeit des schnellen Rechnens weniger ausgenutzt wird oder, besser gesagt, die Rechenoperationen im gesamten Arbeitsprogramm etwas in den Hintergrund treten. Das hat dazu geführt, daß in neuerer Zeit für den Einsatz im Büro spezielle kleine elektronische Maschinen zu Buchungs- und Fakturierzwecken entwickelt wurden bzw. noch in der Entwicklung sind.

5.2.3.   Der Einsatz in der Meß- und Regelungstechnik

Die Verwendung von digitalen Rechenanlagen zur Überwachung und Beeinflussung technischer und organisatorischer Prozesse steht heute noch am Anfang einer Entwicklung, deren Tragweite sich schwerlich übersehen läßt. Eins steht jedoch fest: dem fortschreitenden Streben nach Automatisierung in Industrie und Verwaltung werden dadurch neue Möglichkeiten erschlossen. Es versteht sich von selbst, daß auch hier die Struktur des zugrundeliegenden Prozesses darüber entscheidet, ob der Einsatz einer großen Datenverarbeitungsanlage nötig ist oder ob ein Kleinrechner genügt. In diesem Zusammenhang besteht eine wichtige Teilaufgabe oft darin, anfallende Meßwerte von der Meßeinrichtung zu übernehmen und nach einer bestimmten Vorschrift zu verarbeiten. Die gemessenen Daten treten dabei in Form von physikalischen Größen auf, z. B. Längen, Winkel, elektrische Spannungen; sie sind über spezielle Einrichtungen, sog. Analog-Digital-Wandler, in eine dem Digitalrechner verständliche Form umzusetzen. Die Umformer stellen somit das Bindeglied zwischen Meßeinrichtung und Rechner dar.

Ein weiterer Schritt könnte darin bestehen, daß die Ergebnisse der Meßwertverarbeitung durch den Digitalrechner über einen weiteren Umformer, den Digital-Analog-Wandler, auf den gleichen Prozeß Einfluß nehmen, von dem die Meßinstrumente gespeist werden. Damit liegt das Prinzip der Rückkopplung vor, wir haben es mit dem grundlegenden Kennzeichen eines Regelkreises zu tun.

Der Einsatz des Digitalrechners im Zusammenhang mit der selbsttätigen Regelung technischer Vorgänge ist in mehreren Abstufungen denkbar. Zunächst handelt es sich um die bloße Erfassung der Meßwerte und deren Registrierung, z. B. über das Druckwerk des Automaten. Hierbei nimmt man die eigentliche Rechenfähigkeit der Maschine noch nicht in Anspruch. Im nächsten Stadium wird eine Verarbeitung der gemessenen Daten vorgenommen, um beispielsweise der direkten Messung schwer zugängliche physikalische Größen in der Regelstrecke auf dem Umweg über eine Berechnung zu erfassen und um Grenzwerte (kritische Werte) in dem zu regelnden Prozeß zu kontrollieren. In einer weiteren Stufe wirkt der Digitalrechner schon auf den Regelprozeß ein, indem das Resultat der Berechnung nach der Umsetzung von der digitalen in die analoge Form dazu benutzt wird, um Sollwerte für den im Regelkreis befindlichen Regler zur Verfügung zu stellen. Endlich besagt die letzte und höchste Einsatzform des Rechners seine Verwendung als rechnendes Element im Regelkreis. Das Ergebnis einer Rechnung wirkt hier über Wandler und Verstärker auf die Stellvorrichtungen des Reglers ein. Man spricht dann geradezu von einer *digitalen Regelung* und nennt die regulierende Einrichtung des Regelkreises *digitale Regeleinrichtung.*

5.2.4. *Der Einsatz in der Lehre*

In dem Maße, wie sich der elektronische Rechenautomat in Forschung, Technik und Verwaltung zum unentbehrlichen Helfer des Menschen gestaltet, muß auch für die Ausbildung der zum Bau, zur Wartung und zur Programmierung notwendigen Fachkräfte gesorgt werden. Die elektronische digitale Rechentechnik wird z. Z. nur von wenigen Mitarbeitern in einigen Instituten und Betrieben beherrscht. In Zukunft werden an unseren Fach- und Hochschulen sowie Universitäten die Studenten bestimmter Fachrichtungen mit der Arbeitsweise und der Programmierung von Ziffernrechenautomaten vertraut gemacht.

Die praktische Seite der Heranbildung dieses dringend benötigten Nachwuchses kann nur befriedigend berücksichtigt werden, wenn im Anschauungsunterricht ein Rechner zur Verfügung steht. Von dem Studierenden kann dann an Ort und Stelle ein aufgestelltes Programm erprobt und die Bedienung des Automaten geübt werden. Für diese Zwecke reicht aber eine kleine und weniger schnelle Anlage vollkommen aus, wenn sie nur alle prinzipiellen Eigenschaften eines programmgesteuerten Digitalrechners besitzt. Ein Kleinrechner eignet sich besonders durch seinen relativ niedrigen Kaufpreis und durch seine leichte Bedienbarkeit für den Einsatz in der Lehre.

5.3. Bedienungselemente eines Digitalrechners

Unter den Bedienungselementen wollen wir die Gesamtheit der Tasten (Schalter) und der Anzeigevorrichtungen verstehen, die es dem Benutzer der Rechenanlage gestatten, in den Automaten einzugreifen bzw. bestimmte Informationen aus dem Inneren des Rechners zu erhalten. Angeordnet werden diese Elemente auf einem Bedienungsfeld, das natürlich im bequemen Griff- und Sichtbereich des Bedienenden liegen muß. Im folgenden möge kurz angedeutet sein, welche Bedienungselemente zweckmäßig sein können, ohne den Anspruch auf ihre Notwendigkeit oder gar Vollständigkeit erheben zu wollen.

Wenden wir uns zunächst den Tasten zu. Sie dienen dem Zweck, 1. bestimmte Vorgänge im Automaten auszulösen und 2. in die Arbeitsweise und den Arbeitsablauf der Maschine einzugreifen. Die 1. Aufgabe erfüllen beispielsweise alle Tasten, die es gestatten, eine einzelne Operation im Rechner auszuführen. Das kann eine arithmetische Operation, ein Transport, ein Druck usw. sein. Überhaupt liegt die Möglichkeit nahe, jede Operation, die im Befehlssystem des Automaten enthalten ist, auch von Hand ausführen zu können. Zum Punkt 2. möge als Beispiel eine Taste angeführt werden, die den Automaten vom Normalbetrieb auf Schrittbetrieb umschaltet. Man vergleiche dazu die Ausführungen unter 4.1.2.

Die Einrichtungen zur Anzeige bestimmter Zustände im Rechenautomaten beruhen meist auf einer optischen Wirkung und sind in der Regel
durch Glimmlampen oder durch oszillographische Diagramme realisiert.
Die Frage, welche Elemente des Rechners bzw. welche Zustände angezeigt
werden sollen, ist bei der Konstruktion der Maschine zu klären. Wir wollen
uns darauf beschränken, einige Beispiele zu nennen, die sich auf vorhandene
Rechenautomaten beziehen. Da ist zunächst das Befehlsregister, dessen
Inhalt bei Bedarf vom Bedienenden betrachtet werden kann; das gleiche
gilt für den Inhalt des Befehlszählers, der den Standort des Befehls im
Speicher angibt. Weiterhin kommt zuweilen der Inhalt des Akkumulators
zur Anzeige. Allerdings muß bemerkt werden, daß Befehlsregister, Befehlszähler und Akkumulator nur in den Pausen zwischen zwei Befehlen beobachtbar sind (Schrittbetrieb!). Arbeitet der Automat, so erfolgen die
Änderungen zu schnell, um optisch wahrgenommen zu werden. Als letztes
Beispiel sei die Fehleranzeige genannt, die der Bedienung zu verstehen
gibt, daß eine im Rechner eingebaute Kontrollvorrichtung einen Fehler
festgestellt hat.

6.   Eine Auswahl bekannter digitaler Kleinrechner

Im folgenden werden einige kleine Rechengeräte und -anlagen vorgestellt, die in verschiedenen Ländern entwickelt worden sind. Man müßte ein Buch für sich schreiben, wollte man auf spezielle Einzelheiten sämtlicher bekannter Automaten eingehen. Es kann daher nur eine kleine Auswahl getroffen werden. In Tafel 3 erfolgt die Zusammenstellung der wichtigsten Daten dieser ausgewählten Rechner. Die Angaben beziehen sich auf die Normalausstattung (Grundausrüstung) der Maschinen. Die Preise sind Endverbraucherpreise und teilweise vom Verfasser grob geschätzt, da nicht alle Maschinen bereits gefertigt werden.

Alle aufgeführten Automaten arbeiten in Serie. Zur Erläuterung sei gesagt, daß im Serienbetrieb Verarbeitung und Transport der Ziffern einer Zahl zeitlich hintereinander erfolgen. Im Parallelbetrieb dagegen werden die Ziffern zeitlich nebeneinander verarbeitet und transportiert. Der DKR ist übrigens ein Serienrechner.

Tafel 3

Automat	Land	Bestükkung	Leistungsaufnahme	Speicher	
				Art	Kapazität
Anita	England	Miniaturröhren	75 W	—	—
IME 84	Italien	Transistoren	40 W	Ferritkern	1 Wort
SER 2c	DDR	Transistoren	330 W	Trommel	254 Wörter
LGP 21	USA	Transistoren	300 W	Trommel	4096 Wörter
C 8201/D 4a	DDR	Transistoren	1 kW	Trommel	4096 Wörter
Monrobot XI	USA	Transistoren	700 W	Trommel	1024 Wörter
Robotron 100	DDR	Transistoren	1,5 kW	Trommel	940 Wörter
WANDERER logatronic	Bundesrepubl.	Transistoren	150 bis 440 W	Ferritkern	120 Wörter
KIENZLE 4800	Bundesrepubl.	Transistoren	330 W	Ferritkern	256 Wörter

Anita

Die Britische Firma *Bell Punch Company Ltd.* stellte 1961 ein Gerät
unter dem Namen „Anita" vor, das gewöhnlich als der erste elektronische
Tischrechner der Welt bezeichnet wird (Bild 32). Mit diesem Ereignis
wurde eine Entwicklung eingeleitet, die durch das Eindringen der Elek-
tronik in den Bereich der Maschinen mit reiner Tastatursteuerung gekennzeichnet ist. Die Verkleinerung der Bauelemente begünstigte von der
technischen Seite her diese Entwicklung, die in den letzten Jahren mit
dem Erscheinen von druckenden elektronischen Tischrechenmaschinen
ihren vorläufigen Höhepunkt fand.

Anita führt die vier arithmetischen Grundoperationen jeweils nach
Drücken der entsprechenden Operationstaste aus. Die Eintastung der
Operanden erfolgt über die Volltastatur, die Anzeige des Resultats mit
Hilfe von Leuchtzifferröhren.

Wort-aufbau	Wort-länge	Eingabe	Ausgabe	Rechen-opera-tionen je Sekunde (etwa)	Preis (etwa)
dezimal	12 Stellen	Tastatur	Anzeige	—	4 500 DM
dezimal	16 Stellen	Tastatur	Anzeige	—	6 500 DM
dezimal	12 Stellen	Tastatur Loch-streifen	Schreib-masch. Lochstreif.	10	85 000 M
dual	32 Stellen	Tastatur Loch-streifen	Schreib-masch. Lochstreif.	35	85 000 DM
dual	33 Stellen	Tastatur Loch-streifen	Schreib-masch. Lochstreif.	75	130 000 M
dual	32 Stellen	Tastatur Loch-streifen	Schreib-masch. Lochstreif.	20	25 000 $
dezimal	14 Stellen	Tastatur Loch-karte	Schreib-masch. Lochkarte	50	400 000 M
dezimal	14 Stellen	Tastatur	Schreib-masch.	20	50 000 DM
dezimal	16 Stellen	Magnetk. Lochkarte Tastatur	Magnetk. Lochkarte Druckwerk	20	80 000 DM

Die Maschine ist mit Kleinströhren in gedruckter Schaltung bestückt. Ein Vergleich mit Spitzenerzeugnissen der Klasse der elektrisch angetriebenen mechanischen Tischrechner zeigt, daß Anita zwar geräuschlos und etwas schneller rechnet, dafür aber keinen Speicher besitzt, nicht so lange Zahlen verarbeiten kann und in der Kombination von Operationen bei Kettenrechnungen weniger flexibel ist.

Bild 32

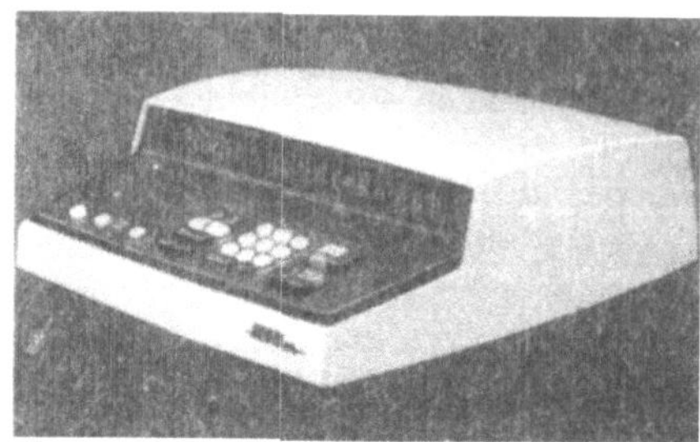

Bild 33

IME 84

Mehr als zwei Jahre nach dem Erscheinen von Anita brachte das italienische Unternehmen *Industria Macchine Elettroniche* den elektronischen Tischrechner IME 84 heraus, der in allen wesentlichen Merkmalen eine Verbesserung gegenüber dem englischen Fabrikat darstellt (Bild 33). Er arbeitet mit Halbleitern in gedruckter Schaltung, lediglich für die Resultatanzeige werden Leuchtzifferröhren verwendet.

IME 84 besitzt eine farblich geeignet abgestufte Tastatur für die Auslösung von Rechen-, Übertragungs-, Lösch- und Anzeigeoperationen sowie eine Zehnertastatur für die Operandeneingabe. Der Anschluß von weiteren kompletten Tastaturen über Kabel ermöglicht eine Fernbedienung. Neben den vier Grundrechnungsarten führt die Maschine auch die Potenzierung aus. Die sämtlich 16stelligen Rechenregister werden durch einen ebenfalls 16stelligen Speicher ergänzt, der wahlweise als Postenzähler, als akkumulierender Speicher und als Konstantenspeicher dienen kann.

Die internen Rechenzeiten liegen (ähnlich denen von Anita) selbst für Multiplikation und Division bei längstens etwa einer Sekunde. Diese Zeit ist für tastaturgesteuerte Maschinen praktisch zu vernachlässigen.

Cellatron SER 2 c

In der DDR wurde 1960 die Entwicklung des Kleinrechenautomaten Cellatron SER 2 abgeschlossen, von dem hier eine verbesserte Variante vorgestellt werden soll (Bild 34). Die Leistungssteigerung der Ausführung c zeigt sich vor allem in der erhöhten Speicherkapazität und Grundgeschwindigkeit, in der wesentlich schnelleren Lochstreifenabtastung sowie in der Anschlußmöglichkeit eines zweiten Streifenlesers, eines Streifenstanzers

und einer Hilfstastatur zusätzlich zur Schreibmaschine. Ursprünglich nur
für den kommerziellen Einsatz geplant, hat sich der Automat auch für
kleinere technisch-wissenschaftliche Berechnungen gut eingeführt.

Die Speichertrommel des SER 2c faßt nunmehr 127 10stellige Dezimalzahlen und 381 Programmbefehle. Das Komma der Zahlen wird durch eine
besondere Darstellung markiert und im Rechenwerk des Automaten nach
den üblichen arithmetischen Regeln verarbeitet. Für die Eingabe stehen
Tastatur und 5-Kanal-Streifen-Abtaster zur Verfügung; die Ausgabe erfolgt über die elektrische Schreibmaschine bei voll programmierbarer
Formulargestaltung und über Streifenstanzer.

Der Lochstreifen kann auch als Programmgeber dienen; Programm-
sprünge zwischen ihm und dem internen Befehlsspeicher sind möglich und
gestatten somit eine flexible Programmgestaltung.

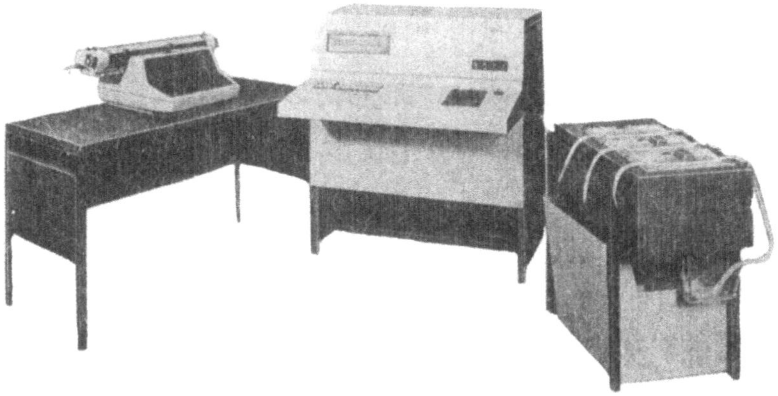

Bild 34

Bild 35

LGP 21

Dieser von der *Librascope Division*, USA, entwickelte Kleinrechenautomat (Bild 35) stellt eine transistorisierte Weiterentwicklung des bekannten Röhrenrechners LGP 30 dar. Er wird von einer westdeutschen Firmengemeinschaft in Lizenz gebaut und vertrieben. Sein Einsatz erfolgt sowohl als Universalrechner als auch als Digitalrechner in speziellen Systemen zur Steuerung industrieller Prozesse. Bemerkenswert an LGP 21 ist ein Magnetscheibenspeicher, dessen Lese-Schreib-Köpfe auf einem Luftpolster über der Scheibenfläche „schwimmen", und eine eingebaute Vorrangsteuerung, die es gestattet, durch ein äußeres Signal ein laufendes Programm zu unterbrechen und ein neues zu beginnen.

C 8201/D 4 a

Im Institut für Maschinelle Rechentechnik der TU Dresden wurde in den letzten Jahren die Entwicklung eines Kleinrechenautomaten durchgeführt, von dem bereits einige Fertigungsmuster erprobt werden und dessen Serienproduktion in Vorbereitung ist (Bild 36). Er hat etwa die Größe eines Schreibtisches und ist vornehmlich für die Verwendung am Arbeitsplatz des Benutzers und für Lehrzwecke konzipiert worden. D4 a zeichnet sich besonders durch eine neuartige logische Struktur aus, die dem Arbeitsspeicher, einer sehr schnellen Magnettrommel, eine zentrale Rolle im Ablauf sowohl der Rechen- als auch der Ein- und Ausgabeoperationen zuweist. Nicht zuletzt dadurch kommt das bemerkenswert günstige Preis-Leistungs-Verhältnis zustande [5].

Bild 36

Das Bild zeigt links das Rechengestell mit den Lochstreifengeräten und dem Bedienfeld sowie auf der rechten Seite die angeschlossene Schreibmaschine.

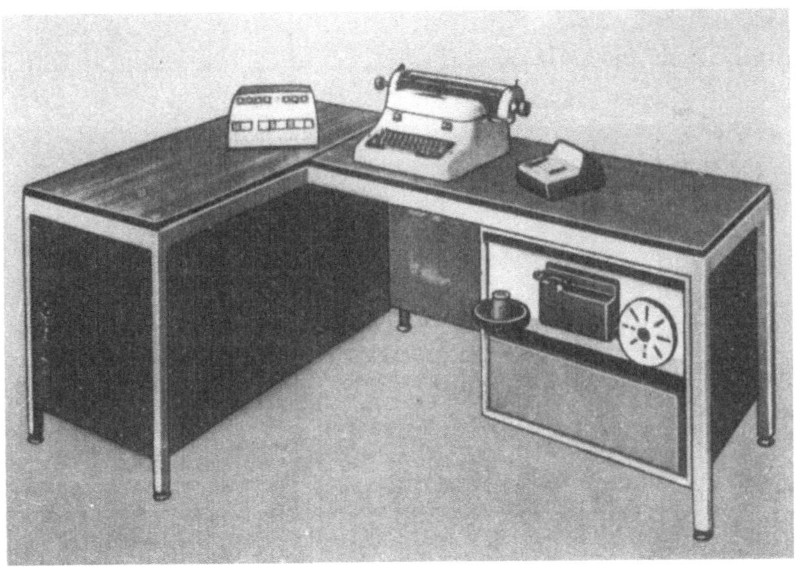

Bild 37

Monrobot XI

Das amerikanische Unternehmen *Monroe Calculating Machine Co.* entwickelte vor allem für die Bewältigung kleinerer ökonomischer Berechnungen (Fakturierung, Finanzdisposition, Umsatzanalyse usw.) den Digitalrechner Monrobot XI (Bild 37), der in der Grundausstattung die Ein- und Ausgabe über Lochstreifen und Schreibmaschine abwickelt und durch Anschluß weiterer Geräte zu einem kleinen Datenverarbeitungssystem ausgebaut werden kann. Das Bild zeigt zwei besondere Zusätze für den Benutzer des Automaten: eine kleine Zifferntastatur für die Einhandblindbedienung und ein Kontrollgerät für die Anzeige von Maschinenzuständen sowie für Eingriffe des Bedieners, insbesondere für den wahlweisen Aufruf eines von mehreren gespeicherten Programmen, wie das in der kommerziellen Rechentechnik häufig gefordert wird.

Robotron 100

Von Betrieben der VVB Datenverarbeitungs- und Büromaschinen wurde der Rechenautomat Robotron 100 (Bild 38) geschaffen, dessen Einsatz vorwiegend in Lochkartenstationen vorgesehen ist. Die zentrale Rechen- und Steuereinheit mit dem Bedientisch verfügt über alle Eigenheiten eines

programmgesteuerten Universalrechenautomaten, lediglich der Loch-
kartendoppler, das Ein- und Ausgabegerät links im Bild, gibt dem Rechner
das spezielle Gepräge einer Lochkartenanlage, die in ihrer Gesamtheit
dann allerdings aufwandsmäßig an der oberen Grenze der Kategorie
„Kleinrechner" liegt.

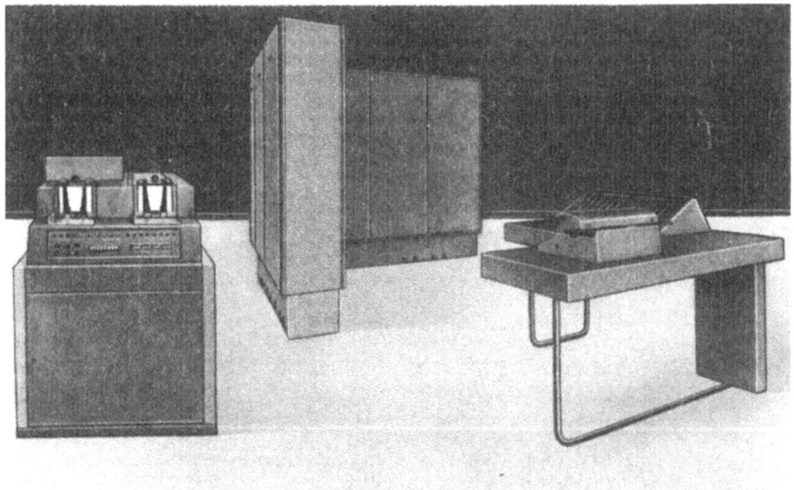

Bild 38

WANDERER logatronic

Das Büromaschinenwerk *Wanderer* entwickelte einen Kleincomputer
für Fakturier-, Statistik- und Abrechnungsaufgaben (Bild 39). Die Zentral-
einheit mit dem elektronischen Rechenaggregat, dem Zahlenspeicher und
dem separaten Programmspeicher befindet sich im Kasten unterhalb der
Schreibtischplatte. Die Speicher sind ausbaufähig bis maximal 120 Wörter
bzw. 4000 Programmbefehle. Die Eingabe erfolgt über eine kleine Zehnertastatur neben der Schreibmaschine. Letztere übernimmt die Formular-
beschriftung mit den Ausgabedaten; bemerkenswert an ihr ist die Aus-
stattung mit einem feststehenden Formularträger und einem modernen
Schreibkopf, der 15 Anschläge in der Sekunde leistet und dessen Positio-
nierung elektronisch gesteuert wird. Ein Lochstreifenstanzer dient als
wahlweiser Zusatz für die Datenerfassung.

KIENZLE 4800

Die Firma *Kienzle* stellte 1966 das System 800 vor, das drei Ausrüstungsklassen von Kleincomputern in moderner technischer Ausführung umfaßt. Bild 40 zeigt das Modell 4800, das zur obersten Leistungsklasse gehört. Die Vorzüge des Systems liegen in der Beibehaltung der aus der Buchungstechnik herrührenden Bedienungsweise und der Organisationsform der Abrechnungsarbeiten einerseits sowie in der flexiblen internen Programmsteuerung, in der größeren Speicherkapazität und in der höheren Rechengeschwindigkeit andererseits. Solche Konzeptionen haben das Ziel, die Lücke zwischen der klassischen Buchungstechnik und der komplexen elektronischen Datenverarbeitung zu schließen.

Bild 39

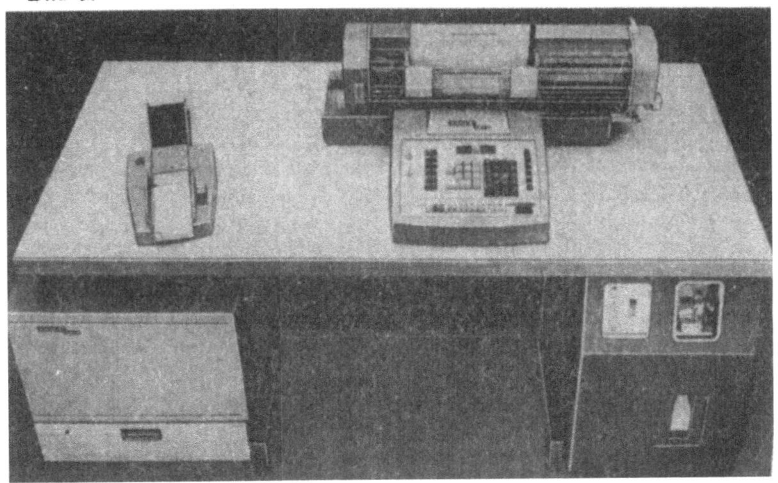

Bild 40

Im Bild 40 ist links der Einwurfsschacht für den Lochkartenleser zu
sehen. Rechts unten befindet sich der Lochkartenstanzer mit dem Ablage-
fach. Der herkömmliche Buchungsmaschinenwagen in der Bildmitte verfügt über eine Einzugs- und Auswurfsvorrichtung für Kontokarten mit
magnetischer Beschichtung, die zur Datenspeicherung dient.

Lösungen zu den Übungsaufgaben

Aufgabe 1.6.1.

Basis 8: $1923 = 3 \cdot 8^3 + 6 \cdot 8^2 + 0 \cdot 8^1 + 3 \cdot 8^0 \rightarrow 3603$

Basis 5: $1923 = 3 \cdot 5^4 + 0 \cdot 5^3 + 1 \cdot 5^2 + 4 \cdot 5^1 + 3 \cdot 5^0 \rightarrow 30143$

Basis 3: $1923 = 2 \cdot 3^6 + 1 \cdot 3^5 + 2 \cdot 3^4 + 2 \cdot 3^3 + 0 \cdot 3^2 + 2 \cdot 3^1$
$+ 0 \cdot 3^0 \rightarrow 2122020$

Aufgabe 1.6.2.

$$45 \rightarrow \text{LOLLOL}$$
$$513 \rightarrow \text{LOOOOOOOOL}$$
$$4095 \rightarrow \text{LLLLLLLLLLLL}$$

Aufgabe 1.6.3.

$$\text{LOOLLLLOL} \rightarrow 317$$
$$\text{LOLOLOLLO} \rightarrow 342$$
$$\text{LLLOOO,LLOL} \rightarrow 56{,}8125$$

Aufgabe 1.6.4.

$99718 \rightarrow$ LOOL LOOL OLLL OOOL LOOO

$80043 \rightarrow$ LOOO OOOO OOOO OLOO OOLL

$394857612 \rightarrow$ OOLL LOOL OLOO LOOO OLOL OLLL OLLO OOOL
OOLO

Aufgabe 1.6.5.

<pre>
      LLOOLL   LLOOLL
   + LOOOL   − LOOOL
   ───────   ───────
    LOOOLOO   LOGOLO
</pre>

$$\mathrm{LLOOLL} \cdot \mathrm{LOOOL} = \mathrm{LLOLLOOOLL}$$

O	Zahl O
$+\,$LLOOLL	eine Addition gemäß Multiplikatorziffer L
LLOOLL	erstes Teilprodukt
LLOOLL	Verschiebung nach rechts
— — — —	null Additionen gemäß Multiplikatorziffer O
LLOOLL	zweites Teilprodukt
LLOOLL	Verschiebung nach rechts
— — — —	null Additionen gemäß Multiplikatorziffer O
LLOOLL	drittes Teilprodukt
LLOOLL	Verschiebung nach rechts
— — — —	null Additionen gemäß Multiplikatorziffer O
LLOOLL	viertes Teilprodukt
LLOOLL	Verschiebung nach rechts
$+\,$LLOOLL	eine Addition gemäß Multiplikatorziffer L
LLOLLOOOLL	Endprodukt

$$\mathrm{LLOOLL} : \mathrm{LOOOL} = \mathrm{LL}$$

LLOOLL	Dividend
LOOOL	Divisor
—LOOOL	eine Subtraktion → Quotientenziffer L
LOOOL	Rest des Dividenden
LOOOL	Verschiebung nach links
—LOOOL	eine Subtraktion → Quotientenziffer L
O	Rest des Dividenden

Aufgabe 2.9.1.

Bild 18 a: $w_1 = (x \wedge y) \vee z$

Bild 18 b: $w_2 = (x \wedge \overline{y}) \vee (x \wedge \overline{z}) \vee (y \wedge \overline{z})$

Aufgabe 2.9.2. Bild 41 zeigt die skizzierten Schaltungen.

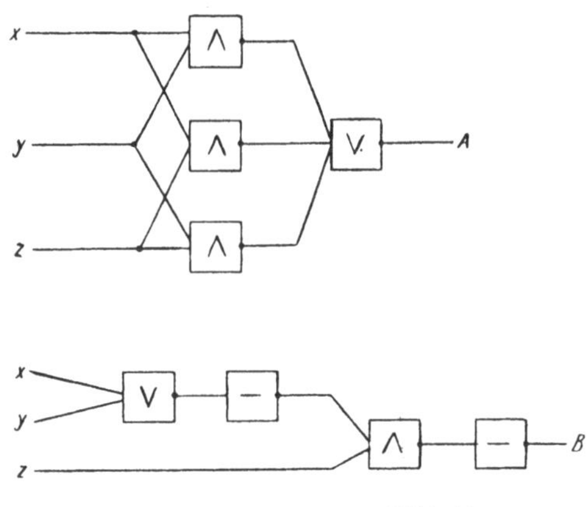

Bild 41

Aufgabe 2.9.3.

x	O	O	O	O	L	L	L	L
y	O	O	L	L	O	O	L	L
z	O	L	O	L	O	L	O	L
w_1	O	L	O	L	O	L	L	L
w_2	L	L	O	L	O	O	O	L
A	O	O	O	L	O	L	L	L
B	L	O	L	L	L	L	L	L

Aufgabe 2.9.4.　a)

x	O	O	L	L
y	O	L	O	L
$x \vee (\overline{x} \wedge y)$	O	L	L	L
$x \vee y$	O	L	L	L

b)

x	O	O	L	L
y	O	L	O	L
$x \vee (x \wedge y)$	O	O	L	L
x	O	O	L	L

80

Literaturverzeichnis

[1] *Murphy, John S.:* Elektronische Ziffernrechner. Berlin: VEB Verlag Technik 1965.

[2] *de Beauclair, W.:* Rechnen mit Maschinen — Eine Bildgeschichte der Rechentechnik. Braunschweig: Verlag Friedr. Vieweg & Sohn 1967.

[3] *Weyh, U.:* Elemente der Schaltungsalgebra. München: R. Oldenbourg Verlag 1960.

[4] *Kämmerer, W.:* Ziffernrechenautomaten. Berlin: Akademie-Verlag 1963.

[5] *Lehmann, N. J.:* Die Organisation eines Kleinstrechenautomaten. Wiss. Zeitschr. d. TU Dresden (1963) H. 1, S. 11—23.

Zeitschriften

[6] Rechentechnik/Datenverarbeitung. Berlin: Verlag Die Wirtschaft.

[7] elektronische datenverarbeitung. Braunschweig: Verlag Friedr. Vieweg & Sohn.

Aus der REIHE AUTOMATISIERUNGSTECHNIK sei besonders verwiesen auf die

einführenden Bände RA 12, RA 25, RA 51, RA 52;

und auf die

weiterführenden Bände RA 42—44, RA 47, RA 64, RA 67, RA 68, RA 70.

Sachwörterverzeichnis